発射音、反動(リコイル)、操作手順……
映像だから伝えられる名銃たちの魅力

　読者の皆さんは、弾丸がどうやって発射されているのか、マシンガンはなぜ連続射撃が可能なのか、ご存知だろうか。もし、知らなかったり、なんとなく理解しているのであれば、本書を読んで「目からウロコ」を落としてほしい。

　では、現代の銃のしくみはいつごろ確立したのだろうか。実は、銃の発達を知ることは、弾薬の発達を知ることでもある。

　現在のような金属薬莢の弾薬がなかった時代、弾丸と発射薬は別々だった。発射するまでにはいくつもの手順を要し、素早く連続して発射することは不可能だった。19世紀の終わりごろ、金属薬莢式の弾薬が登場すると連続射撃が可能な銃が登場する。すなわち、銃本体の発達だけでマシンガンのような近代兵器が登場したわけではなく、金属製弾薬の発明なくしてその出現はありえなかったのである。

　弾丸と発射薬が別々の時代から連続射撃が当たり前となった現代のアサルト・ライフルまで、その時代を代表する銃の迫力の射撃映像を付録のDVDに収録した。銃口から弾丸を込めていたフリントロック式のマスケットの発射シーンに、初めて見る読者は衝撃を受けるに違いない。そして、マスケットやパーカッション・リボルバーの発射シーンを見れば、金属製弾薬の発明がいかに画期的だったかがわかるはずだ。

　DVDでは、名銃たちが登場した時代背景をも追いながら銃や弾薬の発達の過程をわかりやすくコンパクトにまとめた。銃への興味はさまざまだが、銃の発達を知ることはすべての銃器ファンにとって有意義なことであると確信している。

キャプテン中井

ラスベガスのシューティングレンジにおいて、本DVDの撮影を行うキャプテン中井氏(右)。

#04 グロック、M&Pのトリガー・セイフティ
引けば解除される引き金のつっかえ ………………………… 54

#05 グロックのセイフ・アクション
撃針を75%引いた状態にする ……………………………… 56

#06 P7のスクウィズ・コッカー
正しく握らなければ撃てない ………………………………… 60

#07 M700のコック・オン・オープニング
ハンドルをあげるだけで撃針をセット ……………………… 62

#08 M4カービン、G36のレシプロケート
射撃時にハンドルが動くか動かないか ……………………… 64

#09 AK系のセレクター・レバー
上からセイフティ、フル、セミ ……………………………… 66

#10 M16系のセレクター・レバー
セミとフルでは別パーツが稼働 ……………………………… 68

#11 AUGのデザイン
短い全長、長い銃身のブルパップ …………………………… 70

#12 上下二連式ショットガンの脱包
引き金を引いた場合のみ排出する …………………………… 72

第3章

弾薬の意外なしくみ

概説 ……………………………………………………………… 76

#01 弾薬の数字
弾丸や薬莢、ミリやインチが混在 …………………………… 78

#02 弾薬の互換性
直径が同じでも撃てないことが多い ………………………… 80

#03 薬莢の種類と役割
5つの理由から材料は真鍮が圧倒的 ………………………… 82

#04 空薬莢の再利用
弾薬は専用の機械で自作できる ……………………………… 84

#05 H&K社のケースレス弾薬
弾丸を発射薬で固める ………………………………………… 86

#06 速燃性と遅燃性の発射薬
銃によって使い分ける燃焼速度 ……………………………… 88

#07 弾丸の被甲
銃の作動にも被甲は不可欠 …………………………………… 90

#08 ハイテク・ブレット
弾丸にさまざまな仕掛けがある ……………………………… 92

【表紙CG】
河野達也

【写真提供】
キャプテン中井（特記のぞく）

CONTENTS [こんなにスゴい！ 銃のしくみ]

第1章
威力と反動の秘密
パワー　リコイル

概説 ……………………………………………………………………………………… 8

#01 銃のライフリング
　　複数の溝に沿って弾丸が回転 …………………………………………………… 10

#02 ジュニア・コルトのブローバック
　　後方への圧力で排莢と装填 ……………………………………………………… 12

#03 M1911A1、M9A1、MG42のショート・リコイル
　　銃身を少し後退させて撃ちやすくする ………………………………………… 14

#04 MP5、ファイブ・セブン、R51の遅延ブローバック
　　ボルトの後退にブレーキをかける ……………………………………………… 20

#05 M4カービン、HK416、AK-47のガス・オペレーション
　　発射ガスを利用して薬室を開放 ………………………………………………… 24

#06 AK-107、サイガMk-107のＢＡＲＳ
　　発射ガスを利用して反動を相殺する …………………………………………… 28

#07 ベネリ オートマチック・ショットガンのイナーシャ・ドリブン
　　慣性を利用して撃ちやすくする ………………………………………………… 30

#08 SSAR-15、SSAK-47のバンプファイアー
　　反動を利用した超高速セミオート ……………………………………………… 32

#09 UZIのラップアラウンド・ボルト
　　銃身を覆うボルトでバランスをとる …………………………………………… 34

#10 クリス・ヴェクターのクリス・スーパーVシステム
　　反動を下に向けて跳ね上がりを軽減 …………………………………………… 36

#11 バレットM82のマズル・ブレーキ
　　銃口の形状が反動を軽減する …………………………………………………… 38

#12 アメリカ軍のベルト・リンク
　　ばらばらのリンクをつなぐのは弾薬 …………………………………………… 40

#13 キャリコM950のヘリカル・フィード・マガジン
　　弾倉を筒状にして多弾化する …………………………………………………… 42

第2章
安全と使いやすさの追求

概説 ……………………………………………………………………………………… 46

#01 ピースメーカーの装填と排莢
　　ローディング・ゲートから1発ずつ …………………………………………… 48

#02 スコフィールドの排莢
　　銃を折れば薬莢が持ち上がる …………………………………………………… 50

#03 ルガー・リボルバーのトランスファー・バー
　　撃つときだけ撃鉄と撃針をつなぐ ……………………………………………… 52

まえがき

銃に興味があるなら、"銃を科学する"って、じつはとっても楽しいことです。驚異のパワーを生み出す道具の仕掛けっていったいどうなっているのだろう？ 内部にはどういうメカニズムが組み込まれていて、それがどう機能するのだろう？

理解は一筋縄ではいかないかもしれないけれど、なるほどと納得できたら、頭のなかにパッと明かりがつくような気がするし、いままで難解でわからなかった銃器用語の意味もスッキリわかるようになったりします。知識を体得することの喜びを味わえます。

この本の出発点は、まさにそこでした。近年になって、銃器を取り扱った本の出版はだいぶふえてきました。銃を分類して解説するだけでなく、娯楽映像媒体を介したり、ベストテンを選んでみたり、銃のギモンに答えたり、切り口もさまざまです。本書のようにDVDがついたものもあり、映像でも楽しめます。

意外と世に出ていないのが、本書のように"銃のしくみ"をイラストと写真と文章で綴った本です。すべてを網羅するわけにはとうていいきませんが、基本を押さえたうえで、銃の驚きのメカニズムをなんとかわかりやすく解説してみようとしました。

初心を思い出して、「目からウロコ度」のようなランク付けをおおまかにしておき、詳細ではないがわかりやすいよう色分けしたイラスト、これまでとひと味ちがうアングルからの実銃写真、なるべく銃器専門用語を使わない簡潔な解説で本を構成してみたのです。

本書をつくることには充分な楽しみがありました。その楽しみを、読者のみなさんにもぜひ味わってほしいと思います。

2014年8月吉日　小林宏明

威力と反動の秘密
パワー　　　リコイル

MG 42 Be

Vorderkante Rollenbolz
Hinterkante Zufuhrerunterteil ab

Schloß in vorderer Stellung

...lungsrollen durch Schlagbolzenhalter
...außen gedrückt (Lauf verriegelt)

ückziehen des Schlosses mit dem Spannschieb

Mitnehmer am Spannsch
Schloß am Ansatz des Schloßg

...lungsrollen durch Entriegelungskurven
...nen gedrückt (Lauf entriegelt)

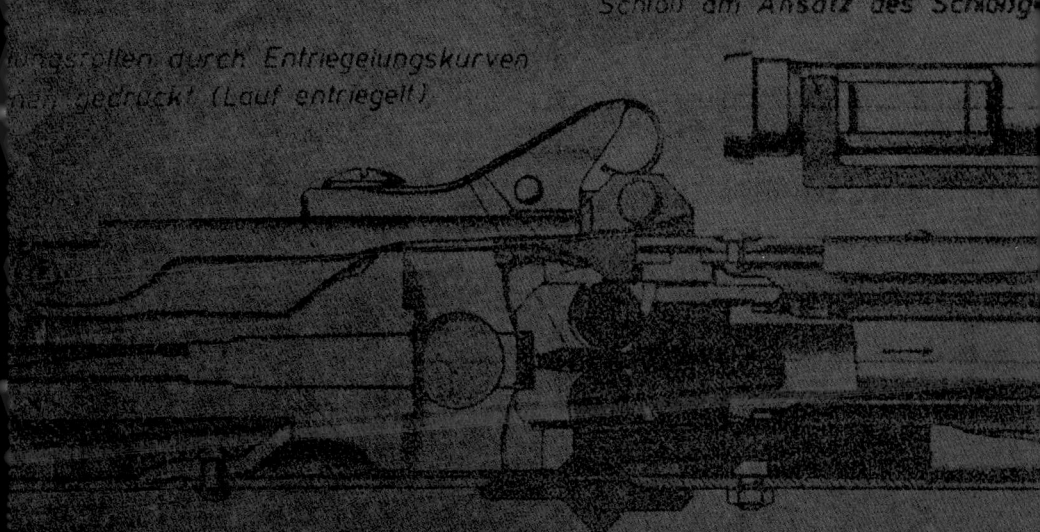

Schlagbolzenhalter durch

オートマチック銃に凝縮された開発者の着眼点や工夫

発射薬を高速燃焼させて弾丸を飛ばす武器、「銃」が発明されたのは、600年ほどまえになる。以来、長い年月をかけて、火薬への点火のしかた、元込め式にするための銃身後尾のふさぎ方、連続して弾丸を発射する連発式、連発を自動でおこなうオートマチック化などが、失敗をくり返しながら模索、開発されてきた。

銃のメカニズムは、一見複雑に見えるかもしれないが、前述の4つの目標をそれぞれ実現するために試行されてきたもので、それをおおもとに考えれば理解がしやすくなる。

この章で述べられるのは、おもに現代のオートマチック化された銃の話で、どうすれば小型のピストルをオートマチック化できるか、どうすれば長物のライフルをオートマチック化できるか、そこ

にどんな秘密があるのか、からはじまり、銃を撃つときかならず発生する反動というものを、どう制御して、どう利用するか、などを見ていったものだ。

その説明の過程では、「ショート・リコイル」「ティルト・バレル」「ガス・オペレーション」「ローラー・ロッキング」「イナーシャ・ドリブン」など、わかりにくいカタカナの銃器用語が数多く出てくることになる。でも、それはしかたのないことで、オートマチック銃は〝仕掛け〟満載ということの証みたいなものだ。一見複雑だが理屈は単純、という仕掛けも多い。だからこそ開発者の着眼点や工夫には目を見張らざるをえないし、過去だけでなく、現代でもその努力は日々おこなわれているから、ここでは直近の創意工夫にも目をむけて取りあげている。

GUN STRUCTURES

#01 銃のライフリング

複数の溝に沿って弾丸が回転

目からウロコ度 ★☆☆

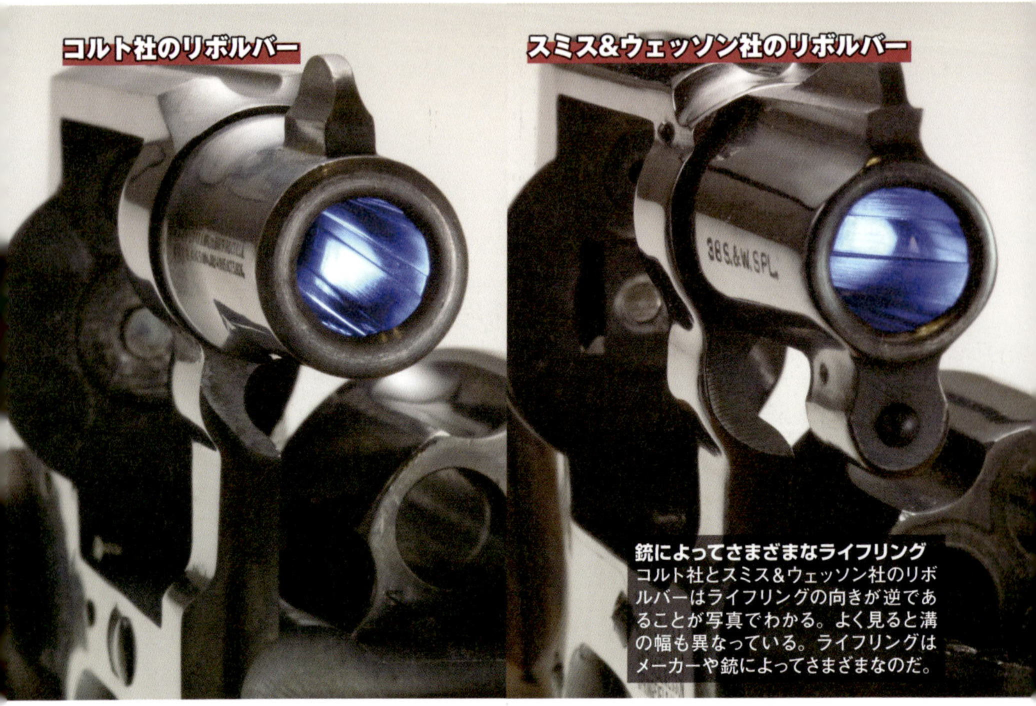

コルト社のリボルバー

スミス&ウェッソン社のリボルバー

銃によってさまざまなライフリング
コルト社とスミス&ウェッソン社のリボルバーはライフリングの向きが逆であることが写真でわかる。よく見ると溝の幅も異なっている。ライフリングはメーカーや銃によってさまざまなのだ。

弾丸に回転をあたえてまっすぐ飛ばすために、銃身内部には凸状と凹状の複数の筋がある！

どうやって溝に弾丸を食い込ませるか

弾丸に回転をあたえて、まっすぐに、できるだけ遠くまで飛ばす工夫、ライフリング＝施条（しじょう）は、15世紀にウィーン（腔綫）で、あるいは16世紀にニュルンベルクで発明されたと言われている。だが、16世紀なかごろに、キリスト教の司教がライフリングによる銃の命中率の良さを悪魔のしわざと説き、罪深さと結びつける風潮がしばらくつづいた。

19世紀初頭になると、イギリスのエゼキエル・ベイカーがライフリングの効用をあらためて説き、ベイカー・ライフルに採用した。もっとも、銃身内にライフリングを彫ると、内側に凸（山）と凹（谷）の筋ができ、丸い弾丸が銃口から入れにくくなった。そこで、潤滑油を塗った紙や布で弾丸をくるんだりして押し込む技術が採り入れられた。

10

第1章　威力と反動の秘密

1本のらせんと施条の違い

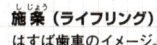

1本のらせん
弦巻ばねのイメージ。

施条（ライフリング）
はすば歯車のイメージ。

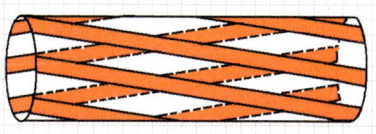

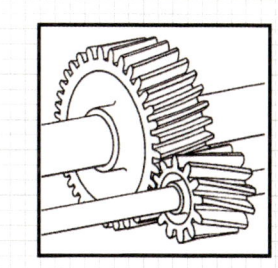

はすば歯車

コルトM1911A1（ガバメント）の銃身を正面から見たところ。斜めに刻まれた数本の溝が、らせんの形になっているのがよく分かる。

ココがポイント！
ライフリングは1本のらせんではない

事情を一変させたのは、フランスの軍人ミニエーが発明した弾丸だった。この弾丸は、球形ではなくドングリ形をしていて、凸と凹のある銃口より直径がわずかに小さかったので、布などを使う必要がなかった。発砲によって弾丸底部がスカートのように広がって膨張し、ライフリングにしっかり食い込んで回転があたえられた。さらに、アメリカのバートンらがこの弾丸を改良した。

弾丸はらせん状に回転して飛ぶので、銃身内側に彫ってあるライフリングも"弦巻ばね"のようならせん状と考えられがちだが、じつはそうではなく、彫ってあるのは数本の斜線だ。円筒に斜めに直線を描くと、結果的に"らせん"となるので、ライフリングを「銃身内にらせん状に彫ってあるもの」と考えるのはまちがいではない。だが、その溝は1本ではなく、小火器の場合は4本から6本くらいであることがミソだ。

11

#02 ジュニア・コルトのブローバック
後方への圧力で排莢と装填

GUN STRUCTURES

目からウロコ度 ★☆☆

ジュニア・コルトの排莢シーン
手のひらに収まるほど小さなジュニア・コルト。作動もシンプルで、弾丸を押す発射ガスの後方圧力でスライドを押し下げて排莢、装填を繰り返す。

スライドの前後運動で排莢と装填を繰り返すしくみは、燃焼ガスの"吹き戻し"を利用している！

もっともシンプルなオートマチック機構

ブローバックというのは、リボルバーでない拳銃のうち、発砲後、①空薬莢の排出、②薬室への次弾装填、③引き金のリセットを射手の力を借りず、自動的におこなうやり方のひとつのことだ。①②③を自動的にやる方法は、次項以降で説明されるようにほかにもいくつかあり、その種の拳銃は、「自動拳銃」とか「オートマチック・ピストル」と総称される。

どんな銃も、一般的には薬莢に詰められた発射薬（無煙火薬）に点火し、それが燃焼して発生する圧力で弾丸を飛ばすのだが、金属の円筒である薬莢内でおこる燃焼は、弾丸を押し出す前方だけでなく、後方にも圧力をかける。薬莢は後方へ押しやられるから、直後に位置している薬室を閉じるパーツ、"ボルト"も押される。押されたボルトは、後方にあって撃針をた

第1章 威力と反動の秘密

ジュニア・コルトのブローバックのしくみ

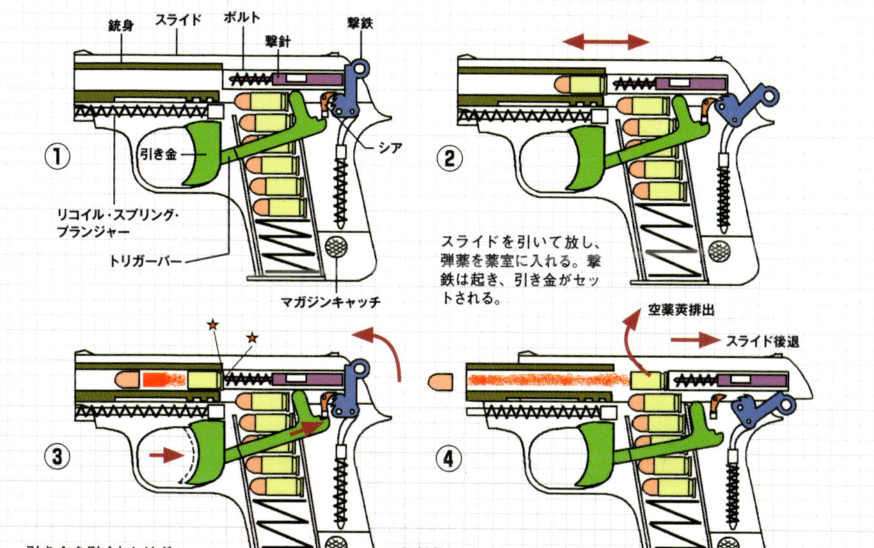

① スライドを引いて放し、弾薬を薬室に入れる。撃鉄は起き、引き金がセットされる。

③ 引き金を引くとトリガーバーを介してシアがはずれ、撃鉄が倒れて撃針が前進し、弾薬底の雷管を打ち、弾丸が発射される。

④ 発射薬のガス圧が薬莢を後方へ押し、薬莢はボルト+スライドも後退させ、途中で空薬莢を排出する。銃身は固定されていて動かない。スライドは戻ると、②と同じ状態になる。

ココがポイント！
威力の弱い弾を撃つ銃にしか適さない機構

ジュニア・コルトのスライドを外したところ。銃身はフレームに固定されているのが分かる。（銃身先端の下に見える白い物体は撮影時に銃身を支えるためのもので、ジュニア・コルトのパーツではない）

自動拳銃では、ボルトが銃身カバーともいうべきスライドと一体になっている構造のものが多い。スライドは金属でできていて、ボルトが危険なほど速いスピードで後退しないよう質量と重量で軽さを補う役目を果たしている。

ジュニア・コルトは、25口径（6・35mm）という小口径で威力の弱い弾薬を使う。もともとスペインのアストラ社が製造していたが、のちにアメリカへ輸出されてコルト社が販売した。後方にかかるガス圧をそのまま利用するやり方、つまり発射薬の"吹き戻し"を利用するブローバック方式は、25口径もふくめてせいぜい380口径（9mmショート）までに適用される。それ以上口径も威力も大きくなると、作動に不具合が出る可能性が大きく、次項で述べるショート・リコイル方式を採用せざるをえなくなる。

GUN STRUCTURES

#03 M1911A1、M9A1、MG42のショート・リコイル

目からウロコ度 ★★★

銃身を**少し後退**させて撃ちやすくする

M9A1（上）とM1911A1（下）のスライドを後退させたところ。両者は銃身とスライドとの噛み合わせ方が異なる。後者は銃身が傾斜（ティルト）してスライドとの噛み合わせが解かれるため、写真をよく見るとスライドの後退時は銃身が若干かたむいている。

威力の強い弾薬を安全に撃ちやすくするため、薬室を閉じた状態で銃身を少し後退させる画期的なしくみ！

銃身内の圧力がさがる時間をかせぐ

9mmパラベラム弾や45口径弾を撃つ自動拳銃、たとえばベレッタM92やコルトM1911は、発射薬の威力が強く、吹き戻しの圧力も等しく強いため、ブローバック方式で設計すると銃も射手も危険にさらされる。

そこで、弾丸を発射する圧力は最大限利用したうえで、吹き戻し圧力をいったん閉じ込める方法が採られる。

弾薬が入っている銃身後尾の薬室をボルトで閉じた（ロックした）まま、ほんの短い距離だけ重量のあるスライドとともに銃身を後退させ圧力をかせぐのだ。弾丸が銃口内を突進して銃口から出ていった瞬間、外空間に解放されて銃身内の圧力がぐんとさがるので、その後、"作用・反作用の法則"の反作用（反動）を利用してスライドをさらに後退させる。こうして、ブローバック方

第1章　威力(パワー)と反動(リコイル)の秘密

M1911A1の射撃!
威力の大きい45口径弾薬を撃つM1911A1は、ショート・リコイルで作動する。銃身の上面とスライド上部内側が噛み合っており、射撃時にはほんの少しだけ銃身とスライドが後退して薬室を閉鎖する。肉眼では決して見ることのできない動作だが、このわずかな薬室閉鎖によって威力の大きな弾薬を実用的に撃つことができるのである。

式と同じように、空薬莢の排出、薬室への次弾の装填、引き金のリセットが自動的におこなわれる。

ブローバック方式の銃は銃身が固定されているが、発砲直後に薬莢より短い距離だけ後退するショート・リコイル方式の銃身は可動で、スライドと一時的に噛み合っている。銃身内のガス圧がさがってからは、その噛み合いが機械的に解かれる。

それを最初に設計したのはジョン・ブラウニングで、パラレル・ルーラー(平行定規)式と称された。その後、通称コルト・ガバメント、M1911に採用されたティルト・バレル式となり、ブラウニング式とも呼ばれて、現代でも世界的に広く普及している。

ちなみに、スライドを後退させる反動は、弾丸の加速の反作用が約7割、燃焼ガスの加速の反作用が約1割、銃口から噴き出すガスの後方圧力が約2割とされている。

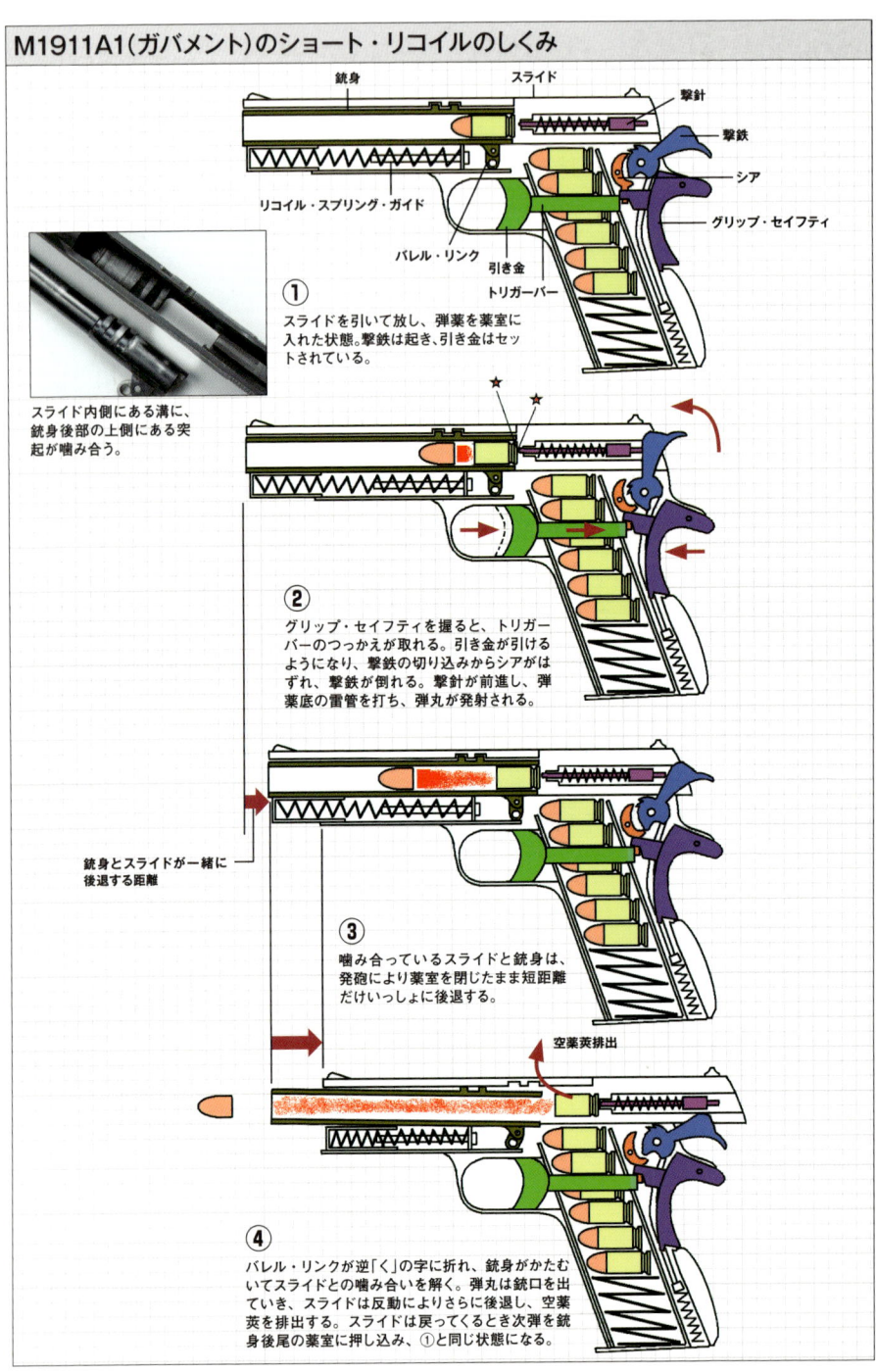

第1章 威力と反動の秘密(パワー・リコイル)

銃身とスライドの噛み合わせ方と解き方

ティルト・バレル式 ガバメントなど

スライド内側にうがった凹、銃身上部に突きだした凸を噛み合わせる。発砲すると、バレル・リンクによって銃身がかたむき、噛み合いが解かれる。

プロップアップ式 ベレッタM92FSなど

スライド左右には小さな溝があって、そこに銃身下部のロッキング・ブロックがはまっている。発砲すると、銃身のロッキング・ブロックが矢印の向きに回転し、噛み合いが解かれる。

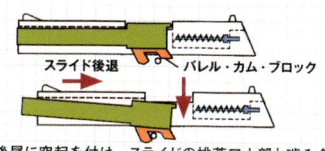

ティルト・バレル式の派生型 グロック、SIGザウアーなど(SIGロッキング)

銃身後尾に突起を付け、スライドの排莢口上部と噛み合わせる。発砲すると、バレル・カム・ブロックによって、銃身がかたむき、噛み合いが解かれる。

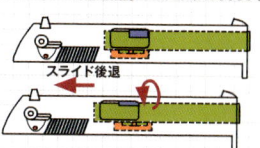

ロータリー・バレル式 ベレッタM8000など

銃身後方には小さな直方体のブロックが付いていて、発砲まえにはそれがスライドにうがってある排莢口につっかえている。発砲すると、銃身が回転してブロックがスライドのなかに引っ込み、噛み合いが解かれる。

燃焼ガスの吹き戻し圧力が下がるとスライドと銃身の噛み合いが外れるしくみの数々!

スライドと銃身のさまざまな噛みあわせ方

銃身とスライドを噛み合わせる方法でもっとも広く使われているのは、「ティルト・バレル(かたむく銃身、の意)」式だ。この方法はイラストのように2種類あり、最近では「SIGロッキング」が主流になっている。銃身とスライドを噛み合わせるべつの方法、「プロップアップ」式は、ドイツのワルサーP38、イタリアのベレッタM92などに採用されているやり方なので、命中精度に影響をあたえにくいとも言われている。

もうひとつ、現役で採用されている機構は、ベレッタ製クーガ8000やPx4などのモデルに採用されている「ロータリー・バレル」式だ。銃身を回転させてスライドとの噛み合いを解くので、「ターン・バレル」式とも「ロテイティング・バレル」式とも呼ばれる。ベレッタ社製以外では、メキシコ製M1911であるオブ

レゴン・ピストルが1930年代にこのやり方を採用して製作された。

どこのメーカーも採用しなくなったやり方には、ボーチャードやルガーP08で有名な「トグル・ジョイント」式がある。継ぎ手が尺取り虫のような動きをするこの機構は、もともとハイラム・マキシムが水冷式マシンガンに採り入れ、のちにはウィンチェスター社のレバー・アクション・ライフルM73でも利用されたが、拳銃では部品数が多く作りが複雑になるので敬遠されることになった。

すっかり忘れられた存在ともいえるのが、旧チェコの自動拳銃Cz(Vz)52に採用された「ローラー・ロッキング」式だ(19ページ参照)。このやり方は、ドイツの優秀なサブマシンガン、MP5の別方式のメカニズムに採り入れられ、成功をおさめたため、ショート・リコイル方式としてのローラー・ロッキング式は陰が薄くなって、廃れてしまった。

GUN STRUCTURES

リコイル・ブースター

バイポッド(二脚)

ココがポイント!
「ショート」とは薬室を閉鎖したまま銃身が短い距離後退することを指す

プロップアップ式のM9A1
ベレッタM92をベースにしたM9A1は、銃身下部に組み込まれたロッキング・ブロックという独立して動くパーツによってスライドと銃身がロックされている。スライドと銃身の後退とともにロッキング・ブロックが動いてスライドとのロックを解除する。

M1911A1のティルト・バレル

ロッキング・ラグ

銃身とフレームはバレル・リンクによって接合されている。スライドと銃身がわずかに後退して吹き戻し圧力が低下すると、バレル・リンクによって銃身後端が下方へ動き、スライドと銃身の噛み合わせが解かれる。

M9A1のプロップアップ

ロッキング・ブロック

射撃前は銃身の下にあるロッキング・ブロックがスライドを後退させないようにブロックしている。撃発によってスライドと銃身がわずかに後退すると、ロッキング・ブロックが下方へ動き、スライドがさらに後退できるようになる。

第1章　威力と反動（パワー・リコイル）の秘密

ボルト・チェンジ・フラップを操作すると銃身交換が簡単にできる。銃身後端に2つのローラーを備えたボルト（右写真）が接合する。（写真提供：床井雅美／神保照史）

MG42のボルト。左側が銃身後端と接合する。閉鎖時には2つのローラーが横に張り出して薬室を閉鎖する。（写真提供：床井雅美／神保照史）

ローラー・ロッキングの ショート・リコイル方式

ドイツ軍が配備したMG42には、ローラーで薬室を閉鎖するショート・リコイル方式が組み込まれていた！

たとえば、マシンガン（機関銃）のように威力の高い弾薬を連射するような小火器では、ブローバック方式は危険すぎて採用できない。それで、発射薬の燃焼ガスそのものを効率的に使う方法以外では、リコイル（反動）を利用するしかない。そこで、ジョン・ブラウニングは彼なりの方法を考え出したが、ポーランドのエトヴァルト・シュテッケという人物は1930年代に「ローラー・ロッキング」という方法を考えた。

ボルトの左右両側には、回転するローラーがひとつずつ付いている。そのローラーは横に張り出して、発砲まえにはスライドやボルト・キャリアーの溝にはまっているので動かない（ロック）。発砲後、銃身とボルトが若干後退し、弾丸が銃口から出て銃身からガスが抜け、圧

力がさがると、回転するローラーが溝から抜け出て銃身との噛み合いが解け、反動でさらにボルトが後退していく。

ショート・リコイル方式のローラー・ロッキング式を最初に採り入れたのは、ドイツのベルト・フィード式マシンガン、MG42だった。このマシンガンは、反動をさらに強めるため銃口先端にリコイル・ブースターというパーツを取り付け、発射速度を分速1200発までに高めたものだった。

1952年には、旧チェコのセスカ・ゼブロジョフカ（CZ）という銃器メーカーがVzor（モデル）52という自動拳銃に、ショート・リコイル方式のローラー・ロッキング式を採用した。使用弾薬はVz48という国産のサブマシンガンと共用のものだった。9mmより小さい7.62mmだったが、薬莢が長くて発射薬の量が多く、高圧力を発生したので、ショート・リコイル方式となったのだ。

GUN STRUCTURES

04 MP5、ファイブ・セブン、R51の遅延ブローバック

目からウロコ度 ★★★

ボルトの後退にブレーキをかける

MP5サブマシンガンの機関部

ボルト・ヘッド・キャリアー / リコイル・スプリング / 撃鉄 / ローラー / 撃針 / シア / 引き金 / セレクター・レバー / リリース・レバー

H&K MP5のフルオート射撃！
ローラー・ロッキングでも遅延ブローバックのMP5は、命中精度が低かったそれまでのサブマシンガンのイメージを払拭した。

ショート・リコイルのように薬室を完全に封鎖せず、ボルトの後退にブレーキをかける驚きのしくみ！

薬室の開放を遅らせるふたつのローラー

ローラー・ロッキングを採用したブローバック方式は、通常「遅延ブローバック（ディレード・ブローバック、レタード・ブローバック、ともいう）」と呼ばれる。この方式はいわば偶然の産物だった。第二次大戦中、ドイツ、マウザー社のルートヴィッヒ・フォルグリムラーらの研究班が、ショート・リコイル方式ローラー・ロッキングのMG42マシンガンを改良していたとき、意図しない段階ではやくにロックが解除されてしまう現象に出会い、着目したのだという。

フォルグリムラーは、戦後スペインへ招かれ、そこの特殊機材技術研究所、通称セトメで開発したライフル、G3の前身であるセトメ・ライフルにその遅延ブローバック方式を採り入れた。

このやり方や構造はショート・リコイル方式の場合と似

20

第1章　威力と反動の秘密

MP5のローラー・ロッキングのしくみ

MP5のロッキング・システムを斜め前方から見たところ。上はローラーが引っ込んだ状態、下はローラーが左右に飛び出して薬室と噛み合っている状態。

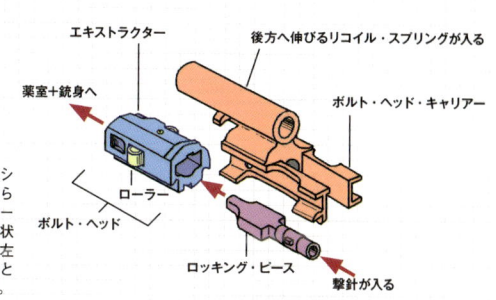

エキストラクター
後方へ伸びるリコイル・スプリングが入る
薬室+銃身へ
ボルト・ヘッド・キャリアー
ローラー
ボルト・ヘッド
ロッキング・ピース
撃針が入る

ローラー・ロッキングのメカニズムを真上から見る

■銃身+薬室　■ボルト・ヘッド　■ロッキング・ピース　■ボルト・ヘッド・キャリアー　■撃針

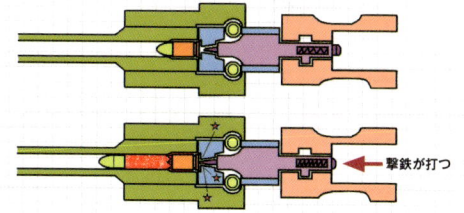

撃鉄が打つ

MP5のマガジン差し込み口から見たところ。左右に張り出した溝にローラーが入り込んでいるのが見える。

発射ガスの吹き戻し圧力がかかったボルト・ヘッドは、2本のローラーにはばまれて後退にブレーキをかけられる。しかし、回転するローラーが　方向へ引っ込む。

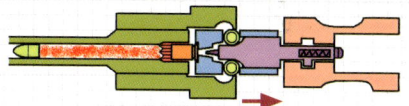

ローラーはロッキング・ピースの傾斜面まで引っ込み、ボルト・ヘッドが空薬莢をくわえて後退する。膨張した薬莢の張り付きを防ぐため、薬室には溝（フルート）が彫ってある。

拳銃弾を使用するサブマシンガンは、拳銃よりも大型であり、頑丈でもあるので、9mmパラベラム以上の弾薬を使っても通常のブローバック方式で危険が少ない。だが、銃が暴れて制御しずらくなる恐れがあるので、ヘッケラー＆コック社（マウザー社の後身）は、G3ライフルをベースとして構築したウェポン・システムで、サブマシンガンのMP5にもこの遅延ブローバック方式を採用した。

1960年代半ばには、同社がP9という9mmパラベラム仕様の同じローラー・ロッキング式自動拳銃を開発している。前項のCz 52とちがって、反動がマイルドだったと言われている。

GUN STRUCTURES

ココがポイント！
ボルトの後退を「遅らせる」だけで「カギ」をかけるわけではない

特殊な遅延ブローバック
スライド・ブレーカーという特殊なパーツを使う遅延ブローバックを組み込んだ、ファイブ・セブン・ピストル。

ローラー以外にも燃焼ガスや特殊なパーツを使って薬室の開放を遅らせる各種遅延ブローバックのしくみ！

さまざまな遅延ブローバック

ショート・リコイル方式のように、薬室を一時的に閉鎖するのでなく、薬室開放のタイミングにブレーキをかける遅延ブローバック方式には、ローラー・ロッキング式以外にも種類がある。1970年代には、オーストリアのシュタイアー社のGBというモデルが、発射薬の燃焼ガスを直接利用する遅延ブローバックを開発したし、70年代から80年代にかけてはドイツのヘッケラー＆コック社のP7というモデルが、やはり発射薬の燃焼ガスを前方に位置するピストンに噴きかけ、スライドの後退にブレーキをかける方法を実現した（60ページ参照）。このふたつは、総称して「ガス・ロック」と呼ばれる。

いっぽう、20世紀末から21世紀初頭にかけては、ベルギーのファブリック・ナショナル（FN）社が、ファイブ・セブン・ピストルを開発した。この自動拳銃は、口径5.7mmで防弾ヴェストも貫くライフル弾のような尖頭弾を使うため、ショート・リコイル方式でもなんなるブローバック方式でもなく、ショート・リコイル方式でもない、特殊な遅延ブローバック方式を開発した。弾薬は、先に開発されたP90というサブマシンガン用のいわば流用だ。20発もの装弾数をもつこの自動拳銃は、もともと軍、警察用（IOM）だったが、アメリカでは民間用（USG）モデルも発売されている。

2014年には、アメリカー古い銃器メーカー、レミントン社が、満を持したかたちでR51という口径9mmの自動拳銃を発売した。約90年もまえに同社のデザイナー、ジョン・ペダーセンが開発したM51を改良したもので、グリップ・セイフティを組み込んだ「ヘジテーション（ためらい、の意）・ロック」と称される古くて新しい遅延ブローバック方式だ。

第1章 威力と反動の秘密

ファイブ・セブンの遅延ブローバックのしくみ

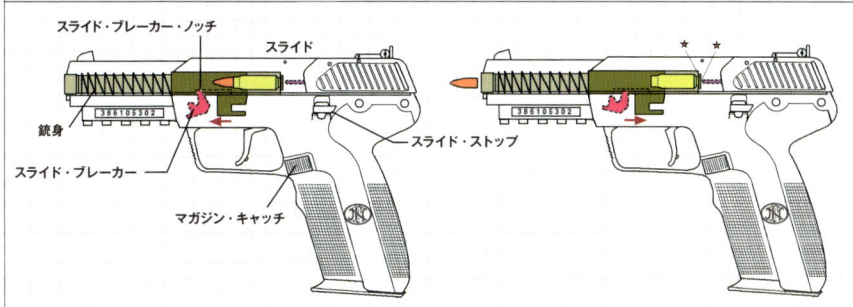

スライド・ブレーカーは、フレーム左右に2個付いている。その間を、金属板がつないでいる。弾丸が発砲されると、固定されていない銃身がわずかに前進し、下に付いている逆コの字の突起がスライド・ブレーカーをつないでいる金属板を押す。スライド下部に切られたノッチ（溝）に入っているスライド・ブレーカーの突端は、スライドの後退にブレーキをかける。弾丸が銃口から出ていくと、スライド・ブレーカーはブレーキを解除して、スライドを解放する。

スライド・ブレーカーと発砲時の銃身の前後運動で薬室の開放を遅らせるという、特殊な遅延ブローバックのファイブ・セブン。

R51の遅延ブローバックのしくみ

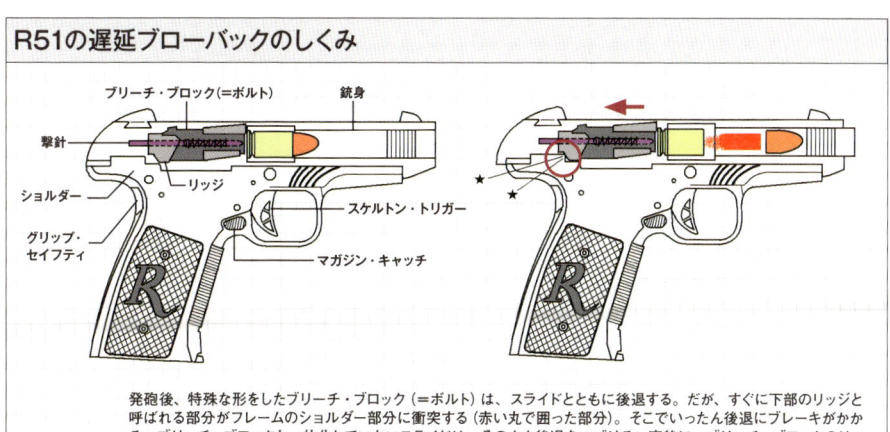

発砲後、特殊な形をしたブリーチ・ブロック（＝ボルト）は、スライドとともに後退する。だが、すぐに下部のリッジと呼ばれる部分がフレームのショルダー部分に衝突する（赤い丸で囲った部分）。そこでいったん後退にブレーキがかかる。ブリーチ・ブロックと一体化していないスライドは、そのまま後退をつづける。直後に、ブリーチ・ブロックのリッジはもちあがり、フレームのショルダーからはずれ、スライドとともに後退して空薬莢を排出する。

GUN STRUCTURES

05 M4カービン、HK416、AK-47のガス・オペレーション

目からウロコ度 ★★★

#発射ガスを利用して薬室を開放

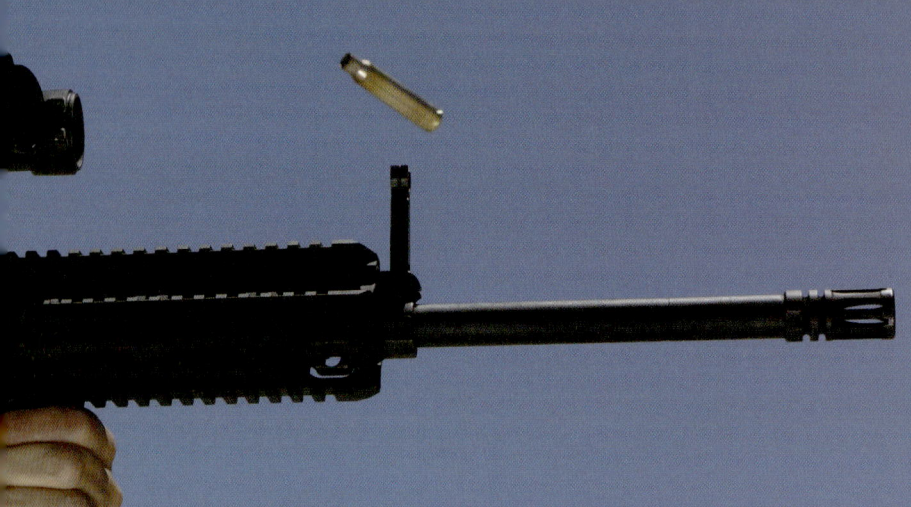

弾丸を押し出す発射ガスを銃身にあけた穴から取り込んで薬室の閉鎖を解く、アサルト・ライフルの定番機構!

余剰の発射ガスをいかに利用するか

1800年代後期に、ライフルが発砲されるのを見て銃の自動連射機構を思いついた人物がふたり（ともにアメリカ人）いた。射手の肩が大きくのけぞるのを見て、その"反動"を連射機構に利用できないかと思ったのが、ショート・リコイル方式の水冷マシンガンの発明者、ハイラム・マキシムだ。いっぽう、伏射発砲時に銃口周囲に生えている草が大きく揺らぐのを見て、余剰の発射ガスを連射機構に利用できないかと思ったのが、"イモ掘り機"とあだ名されたガス・オペレーション方式空冷マシンガンの発明者、ジョン・ブラウニングだった。

最初大きな成功をおさめたのはマキシムで、銃身を冷やすため常時水が必要である不便さと重さの問題はあったが、ピストン駆動でたびたび作動不良をおこしたブラウニングのマシンガ

24

第1章 威力(パワー)と反動(リコイル)の秘密

ガス・オペレーションで動くHK416
外観からはわからないが、銃身の途中に開いた小さな穴から発射ガスを取り込んで作動している。HK416はガス・オペレーション方式の中でもショート・ストローク・ピストン式を採用した銃だ。

ココがポイント！
銃身から取り込んだ発射ガスがボルトと薬室のロックを解除する

ンよりはるかに世界に広まった。

だが、それからほどなく、弾丸を前進させる燃焼ガスを銃身にあけた小さな穴から銃身の上か下にとりつけたシリンダーに導き、シリンダーに入れたピストンを強い力で押し、ボルトを後退させて薬室を開放するガス・オペレーション方式が開発され、ライフルにも応用されるようになった。ライフルの連射速度が速い軽いうえ、連射速度が速いので、この方式のライフルの開発が進み、1936年にアメリカ軍がM1ガランドを、1944年にヒトラー政権下のドイツがStG（シュトゥルムゲヴェーアII突撃銃）44を、1947年に旧ソビエトがAK・47ライフルを軍が採用するまでにいたった。いずれも、ピストン（＝オペレーティング・ロッド）の往復距離が長いので、"ロング・ストローク・ピストン"タイプに分類されるものだった。

GUN

AK-47ライフルのガス・オペレーション（ロング・ストローク・ピストン）のしくみ

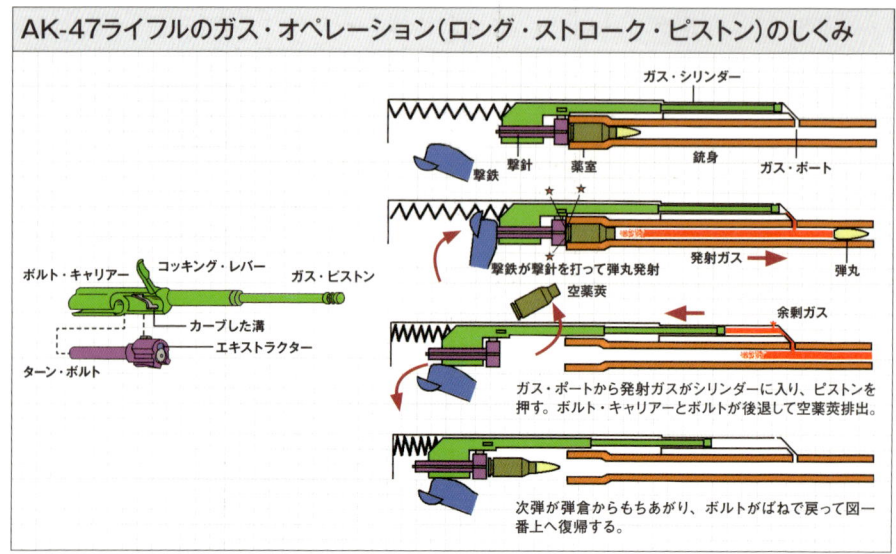

ピストンやガスがボルト・キャリアーを後退させるまでの時間が薬室を閉鎖している時間

ガスを直接使うかピストンを介すか

薬室を開放するために、ピストンを介してボルトを後退させるのでなく、銃身に小さくあけた穴（ガス・ポート）から取り込んだ燃焼ガスをボルトに直接吹きつけるガス・オペレーション方式は、スウェーデンのエリック・エクランドという人物が"リュングマンAG42"というセミ・オートマチック・ライフルで開発した。

アメリカのユージン・ストーナーはこれを自作のフル・オートマチック・ライフル、AR-15、のちに軍用M16となったアサルト・ライフルに採用した。当人の回想によれば、軽金属や樹脂を多用してできるだけ軽い銃を開発しようとした結果、リュングマンのようにピストンを不要とするものになったという。

このダイレクト・インピンジメント（DI）方式、あるいはリュングマン方式は、銃身の短いカービン、M4にも受け継がれた。しかし、DI方式は機関部によごれがたまりやすく、銃が過熱しやすい欠点があるので、ドイツのヘッケラー＆コック社はアメリカ軍の特殊部隊向けに、M4にピストンを組み込んだHK416を開発した。その結果、銃は重くなり、命中精度に若干悪影響をおよぼすことになったが、作動不良は減り、過熱の心配も少なくなった。

HK416のピストンは、往復距離が短いショート・ストローク・ピストンだ。これはロング・ストローク・ピストンより軽く、駆動距離が短いなどの長所があり、第二次大戦中の1942年にアメリカのM1カービンではじめて採用された。反面、パーツ点数がふえて工程が複雑になるという短所もある。ショート・ストローク・ピストンは、大戦後M14バトル・ライフルに組み込まれ、ドイツのG36アサルト・ライフル、FN SCARなどにも広く採用されている。

26

M4カービン(上)とHK416(下)のガス・オペレーションのしくみ

ダイレクト・(ガス)インピンジメント式(または、リュングマン式)

発射薬のガス圧を、ガス・ポートを通じて銃身の上をとおる細いチューブに流し、直接ボルト・キャリアーに吹きつけ、ボルトを後退させる。

ショート・ストローク・ピストン式

発射薬のガス圧を、ガス・ポートを通じて銃身の上に位置するガス・ピストンに吹きつけ、ピストンを短く動かし、その運動を後方にあるプレッシャー・ロッドにつたえ、ボルト・キャリアーを動かして、ボルトを後退させる。

HK416のショート・ストローク・ピストン

M4カービンのダイレクト・インピンジメント

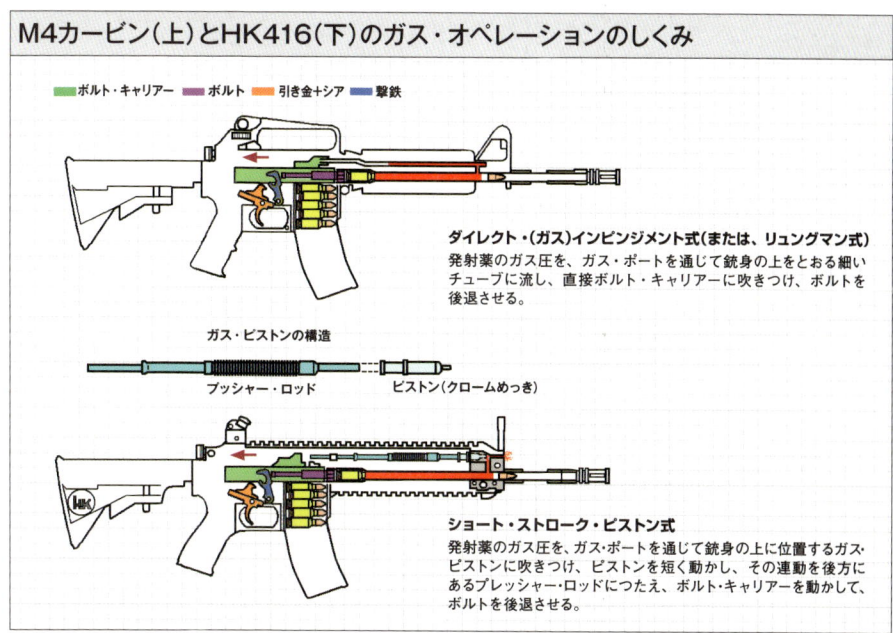

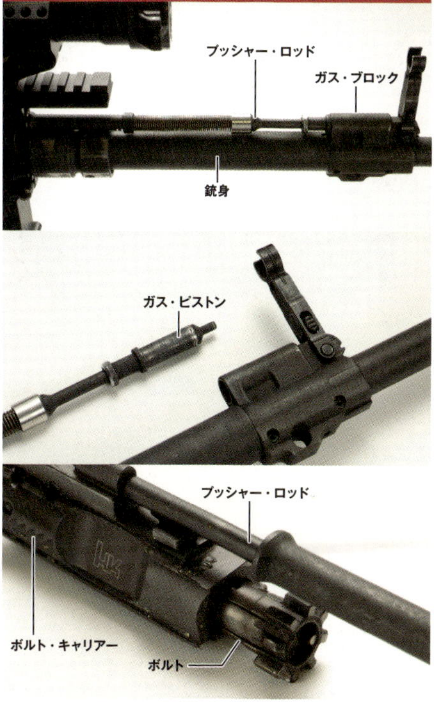

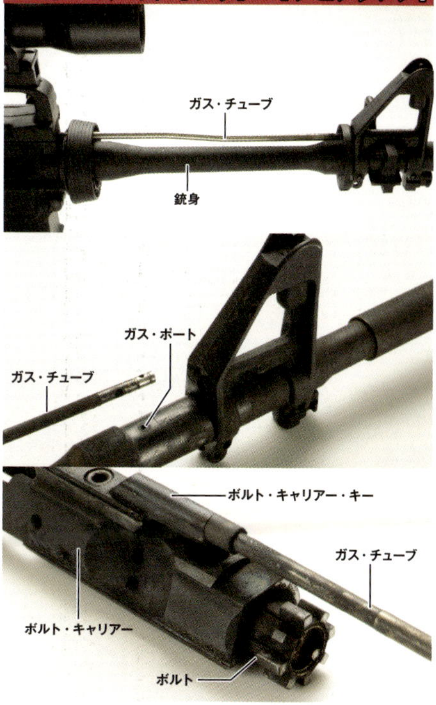

GUN STRUCTURES

#06 AK-107、サイガMk-107のBARS（バランスド・オートマチック・リコイル・システム）
発射ガスを利用して反動を相殺する

目からウロコ度 ★★★

ココがポイント！
銃身から取り込んだ発射ガスがオペレーティング・ロッドを前方に押す

21世紀のAKライフル
ガス・オペレーションのしくみを進化させ、発砲時の反動を軽減するメカニズムを組み込んだMk-107。
（写真提供：床井雅美／神保照史）

ガス・オペレーションの仲間だが、発射ガスを薬室の開放だけではなく反動の軽減にも利用する！

反動を大幅に減らす相殺のしくみ

AK-107および108は、BARSというしくみを採り入れたライフルだ。両者のちがいは口径で、107がAK-74ライフルと同じ5・45mm（薬莢長39mm）、108がM16ライフルなどと同じ5・56mm（薬莢長45mm）。

BARSというのは、バランスド・オートマチック・リコイル・システムの頭文字をつなげたもので、作用と反作用の法則に則って発砲の反動を相殺するしくみだ。

このライフルはガス・オペレーションなので、発砲すると発射薬の燃焼ガスが弾丸を前進させるが、銃身の途中にあけてある小さな穴からガスの一部が上方のシリンダーに入り、ボルトを後退させて薬室を開放しようとする。しかし、シリンダーにはボルトに直結したピストンだけでなく、もう1本、オペレーティング・ロッドという金属棒

28

第1章 威力と反動の秘密

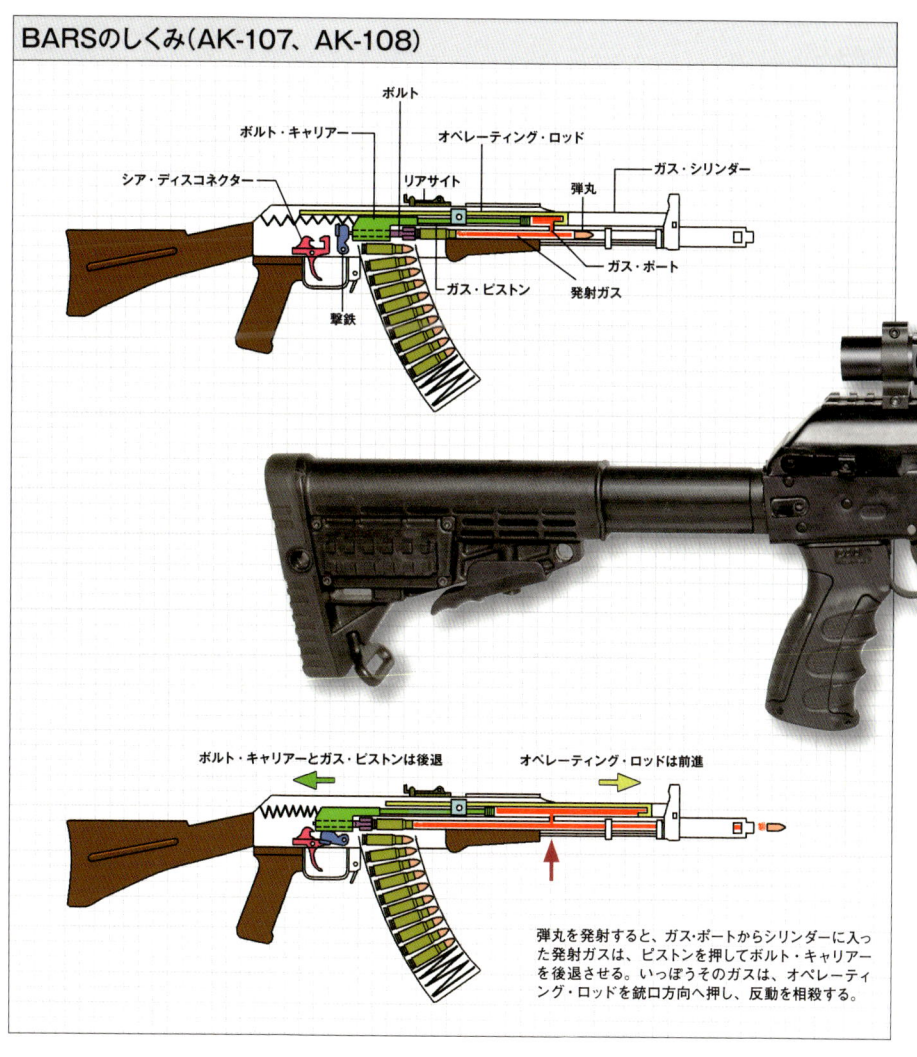

BARSのしくみ（AK-107、AK-108）

が入っている。ガスはそのロッドにも噴きつけて、それを銃口方向、つまり、ボルトと反対方向へ押す。逆方向同士の運動が同一シリンダー内でおこるので、両方の力は相殺されるのだ。

じっさいの射撃シーンを見てみると、射手の肩へ伝わる反動はひじょうに小さいものであることがわかる。片手をハンドガードにそえ（握るのではない）、銃床を保持／固定しないまま引き金を引くと、ふつうのライフルなら反動で銃が大きくのけぞるのに、AK-107の場合、銃は微動するだけだ。反動が少ないから、フル・オートマチック・モード時の命中精度は通常より1.5～2倍向上するという。

頭文字のAKは、開発者のユーリ・アレクサンドロフのAと、カラシニコフ・コンツェルンのKで、2013年にはライフルの民間バージョンが"サイガMk-107"として売り出された。

GUN STRUCTURES

07 ベネリ オートマチック・ショットガンの イナーシャ・ドリブン

目からウロコ度

慣性を利用して撃ちやすくする

ベネリのオートマチック・ショットガン
イナーシャ・ドリブンを採用しているM3（左）と、3分割でき持ち運びが容易なデザインのヴィンチ（右）。前者はセミ・オートマチックのほかにポンプ・アクションでも射撃が可能だ。ヴィンチはとても軽量なオートマチック・ショットガンでわずか3kgしかない。いずれもオートマチック時はイナーシャ・ドリブンで作動する。
（写真協力：金子銃砲火薬店）

ボルト・キャリアー内のスプリングによって発射時に発生した慣性を利用するユニークな機構！

構造がシンプルで発射サイクルが速い

イタリアのショットガン・メーカー、ベネリ社は、20世紀後期に「イナーシャ・ドリブン」というオートマチック・ショットガンの新たなしくみを考えだした。

イナーシャとは「慣性」という意味。左ページの写真にあるように太く短いばねであるイナーシャ・スプリングをボルト・キャリアーのなかに組み込んで、ユニークな機構を実現した。

イナーシャ・ドリブン機構を採用しているのは、M1スーパー90、後継機のM2、M3というモデルで、発射薬の燃焼ガスを利用するオートマチック・ショットガンとは一線を画している。

メカニズムとしては、ボルトの後退にブレーキをかける一種の遅延ブローバック方式だ。構造もシンプルで、発射サイクルがとても速く、ガスの残渣が機関部をよごしにくい。

まず、引き金を引いて撃発が

第1章　威力と反動の秘密

イナーシャ・ドリブンのしくみ

1. 突起①がボルト・キャリアー②のカーブした溝の奥に入っている発砲まえの状態。ボルト先端③は薬室後端（バレル・エクステンション）④に入って薬室を閉鎖している。

2. ボルト・ハンドルを引いてボルト・グループをさげた状態。ボルトはカーブした溝によって少し回転し、ボルト先端が薬室から抜け出ると、装弾がもちあがってくる。

3. ボルト・ハンドルを放すと、装弾は薬室に押し込まれる。

4. 引き金を引いて撃発がおこり、ボルト・キャリアーが慣性の法則によりわずかに前進。イナーシャ・スプリング⑤は圧縮される。しかし、直後にイナーシャ・スプリングが反発し、ボルト・グループを勢いよく後退させる。そして2と3の状態がくり返される。

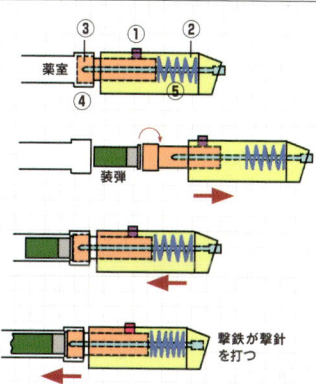

イナーシャ式というユニークなしくみを採用しているベネリM3ショットガンのボルト。薬室を閉じた状態では銀色のボルト先端が引っ込み、ボルト・キャリアー上部にあるカーブした溝によって少し回転して薬室内側の溝と噛み合い、ロックされる。（写真協力：金子銃砲火薬店）

ココがポイント！
イナーシャ・スプリングが慣性の働きを大きくする

②ボルト・キャリアー　⑤イナーシャ・スプリング
①ロッキング・ヘッド・ピボット・ピン（突起）
③ボルト先端　撃針

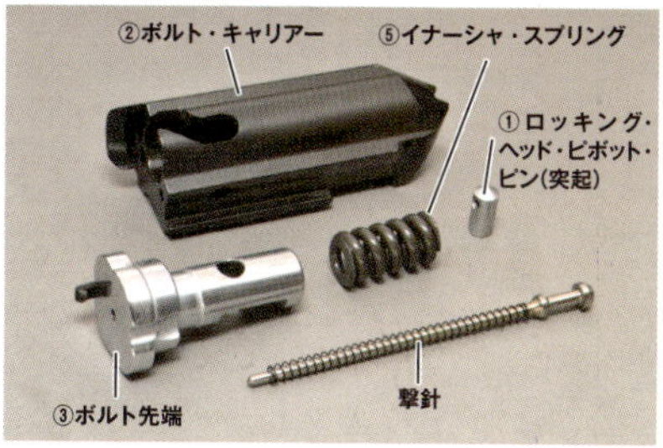

ボルト・グループの分解写真。内部に極太のイナーシャ・スプリングが入っている。指ではさんでも全く変形しないほどに固いスプリングが、射撃時の反動で圧縮され、それが元に戻ろうとする力でボルト・キャリアーを後退させる。（写真協力：金子銃砲火薬店）

おこると、発射ガスの圧力が後方にもかかり、薬室を閉じているボルトとキャリアーを後方へ押そうとするが、慣性の法則によって逆に一瞬つんのめったように前進する。すると、なかに入っている太いばねが圧縮され、薬室を閉じているボルトを押さえつけ、ボルトの後退にブレーキをかける。だが、直後にばねは強い反発力によって伸び、ボルト・キャリアーとボルトをいっしょに後退させて薬室を開放する。

ベネリ社ではこのショットガンの長所を7つ列挙して宣伝し、銃は民間に人気が出た。一時はアメリカ軍も注目したが、銃をしっかりホールドして発砲しないとイナーシャ・スプリングがうまく伸縮せず、作動不良がおきかねないことが指摘された。結局、アメリカ軍が1999年にM1014として採用したのは、ガス圧自動調節機能、ARGOを組み込んだベネリM4スーパー90オートマチック・ショットガンだった。

GUN STRUCTURES

08 SSAR-15、SSAK-47の バンプファイアー

反動を利用した超高速セミオート

目からウロコ度 ★★★

セミオートなのにフルオート？
バンプファイアー・ストックを使っての射撃。射撃時に銃本体が反動によって前後に動くのを利用して、まるでフルオート射撃をしているかのような連続射撃ができる。

前後に稼働する特殊な銃床とグリップによって、反動と惰性を利用した高速セミオート射撃を実現！

アメリカにおけるフルオート銃の規制

セミ・オートマチックでしか撃てない銃を、フル・オートマチックで撃てるよう改造するのは、アメリカでは基本的に違法となっている。しかし、フル・オートマチックで射撃できる銃の所持は、条件さえ満たせばどこの州でも合法だ。それは、共和党レーガン政権時代の1986年5月に採択された連邦法である銃砲所有者保護法、別名マクルーア・ヴォルクマー法に基づいていて、その年の5月15日以前に製造されたフル・オートマチック銃なら売却も所持も許可される、という条文をよりどころにしている。ただし、地元警察、ATF（アルコール・タバコ・火器および爆発物取締局）などをとおす手続きがとても煩雑で、日数もかかる。それに、銃自体がとても高価だ。

そこで、引き金周辺の機構を改造する違法行為によってではな

第1章　威力と反動の秘密

バンプファイアのしくみ（SSAR-15[右利き用]）

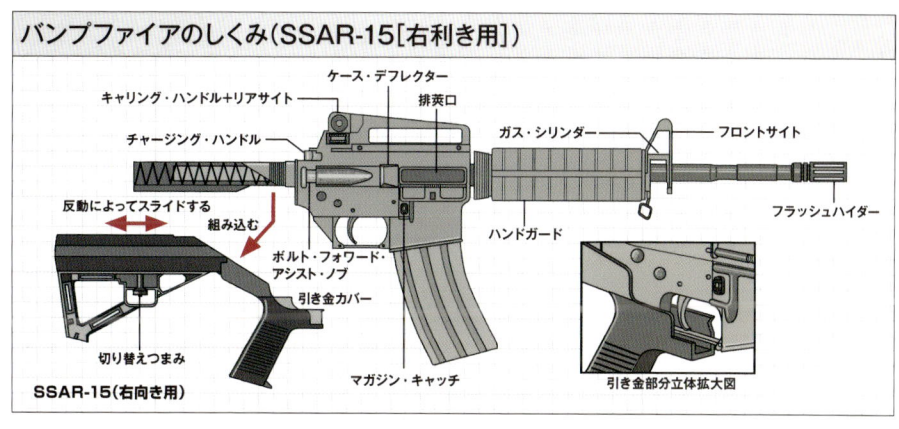

AK-47用バンプファイアー・ストック
肩当て銃床とグリップが一体になっていて、フレーム側に付いたインターフェイス・ブロックを介して銃本体に固定されている。射撃すると反動で銃本体が前後に動くようになっている。

ココがポイント！
機関部を一切改造しないで反動を利用する

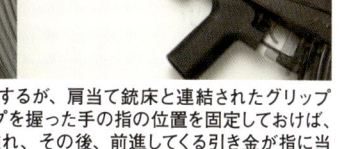

射撃時の動き。まず反動で銃が後退するが、肩当て銃床と連結されたグリップはそのままの位置にとどまる。グリップを握った手の指の位置を固定しておけば、銃が後退することで引き金が指から離れ、その後、前進してくる引き金が指に当たって発射される。このサイクルを高速で繰り返すとフルオート射撃のようになる。

　べつの合法的な手段によってフル・オートマチック射撃を可能にする方法が模索されてきた。その答えのひとつが、テキサス州にあるスライド・ファイアー社が考案した銃床、SSAR-15（AR-15ライフル用）という製品だ。

　AR-15ライフルから肩当て銃床とグリップを取り去り、SSAR-15をすっぽりはめ込む。右利き用と左利き用があるが、いずれにしろ銃床を肩にあててしっかりと銃を保持する。その状態で引き金を引くと、SSAR-15が反動でわずかに後退するが、保持した手（右利きの人なら左手）が慣性で銃を押し戻すため銃本体が短い往復運動をくり返し、引き金が引かれつづけて連射されるのだ。つまり、機構はフル・オートマチック（バンプファイアー）でも銃本体の改造ではないから、ATFも取り締まりの対象と見なさず、取り付けは簡単。しているない。この銃床は、AKライフル用なども市販されている。

GUN STRUCTURES

09 UZIのラップアラウンド・ボルト
銃身を覆うボルトでバランスをとる

目からウロコ度 ★★☆

UZIサブマシンガンの片手撃ち
拳銃弾を撃つサブマシンガンでもフルオートでの射撃はコントロールが難しい。だが、UZIはラップアラウンド・ボルトとAPIという撃発機構のおかげで、片手でフルオート射撃が可能なほど射撃安定性が高い。

ココがポイント！
銃の中心部を前後する重量のあるボルトが撃ちやすさの秘訣

重量のある直方体のボルトが銃身を覆うことで、コンパクトなサブマシンガンでもコントロールを容易にする！

撃ちやすさを実現したふたつの特徴

一般に、弾薬の入った薬室を閉鎖するボルトという金属部品は、直方体や円筒形だったりして銃身後尾の薬室の直後に位置している。だが、UZIやマックというサブマシンガンの場合は、質量も重量もある直方体のラップアラウンド（包み込む、の意）・ボルトが、銃身を包み込む位置にある。

弾倉をグリップから挿入して、ボルト・ハンドルを引くと、ボルトは包み込んでいた銃身から後退して薬室とのあいだをあける（左ページのイラスト③）。引き金を引くと、ボルトは前進し、弾倉のてっぺんから弾薬を押し抜いて銃身後尾の薬室に押し込むと同時に、突起を付けただけの固定撃針で弾薬底の雷管を打ち、弾丸を発射する。UZIやマックはブローバック方式なので、燃焼ガスの圧力で直後に薬莢が後退

34

第1章　威力と反動の秘密（パワーとリコイル）

UZIのラップアラウンド・ボルトのしくみ

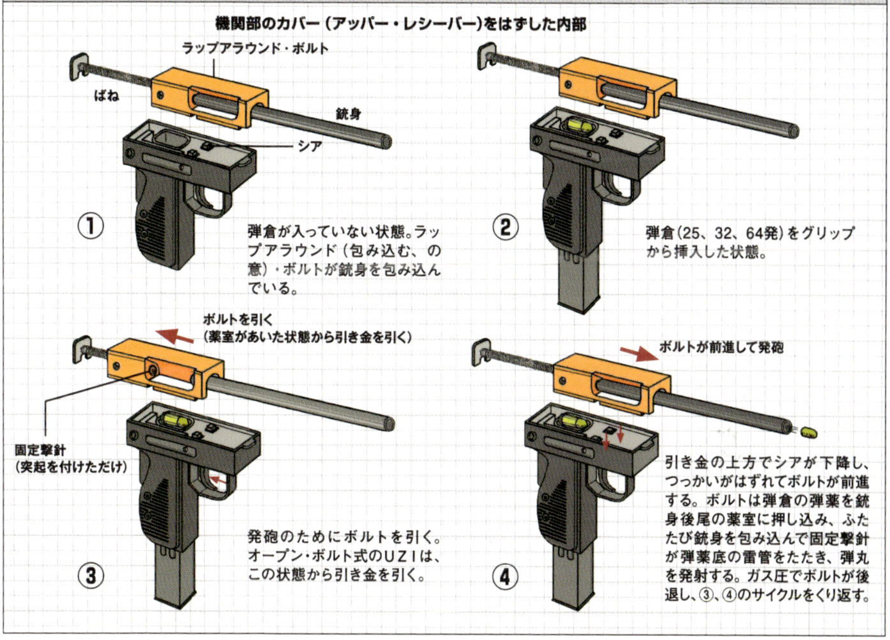

機関部のカバー（アッパー・レシーバー）をはずした内部

ラップアラウンド・ボルト
ばね
銃身
シア

① 弾倉が入っていない状態。ラップアラウンド（包み込む、の意）・ボルトが銃身を包み込んでいる。

② 弾倉（25、32、64発）をグリップから挿入した状態。

③ ボルトを引く（薬室があいた状態から引き金を引く）
固定撃針（突起を付けただけ）
発砲のためにボルトを引く。オープン・ボルト式のUZIは、この状態から引き金を引く。

④ ボルトが前進して発砲
引き金の上方でシアが下降し、つっかいがはずれてボルトが前進する。ボルトは弾倉の弾薬を銃身後尾の薬室に押し込み、ふたたび銃身を包み込んで固定撃針が弾薬底の雷管をたたき、弾丸を発射する。ガス圧でボルトが後退し、③、④のサイクルをくり返す。

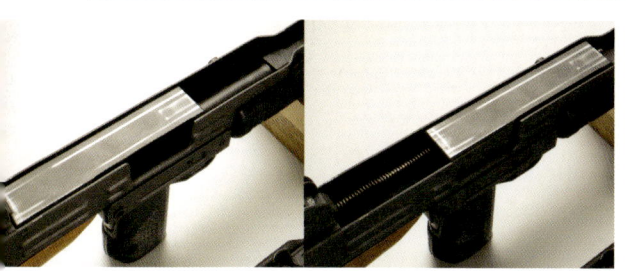

写真左がラップアラウンド・ボルトが後退している状態、写真右が前進した状態。UZI本体の大きさと比べると、ボルトがかなり大きなことがわかる。

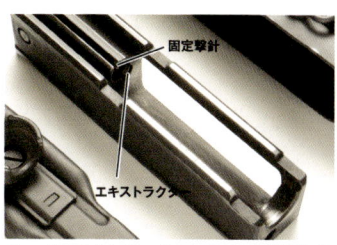

固定撃針
エキストラクター

ラップアラウンド・ボルトをひっくり返したところ。ボルト内側には固定撃針とエキストラクターを備える。ボルト先端が銃身を包み込むような形状になっているのがわかる。

し、ボルトを後方へ押す。そしてまた薬室とのあいだがあく。ばねの反発力でふたたび前進してくるボルトが弾倉てっぺんの弾薬を押し抜き、薬室へ押し込んで撃発がおこる、というサイクルがつづく。

薬室があいている状態から発射サイクルがはじまる機構を、オープン・ボルト式と呼ぶ。オープン・ボルト式サブマシンガンの多くは、薬室が完全に閉じられる直前に撃針で雷管を打ち、撃発する。これをAPI式（アドバンスト・プライマー・イグニッション）といい、UZIもマックもこれを採用していて、連射速度の向上、反動の軽減などのメリットがある。

両サブマシンガンは外観から射撃時のバランスが悪いと思われがちだが、銃身位置と引き金位置をのばした平行線の幅が比較的せまい（銃身軸線が低い）うえ、ボルトが銃身を包んでグリップの真上を行き来するため、片手撃ちしても比較的コントロールしやすい。

GUN STRUCTURES

#10 クリス・ヴェクターの クリス・スーパーVシステム

目からウロコ度 ★★☆

#反動を下に向けて跳ね上がりを軽減

ココがポイント！
スライダーの動きと銃口と引き金の位置関係が跳ね上がりを抑える

機関部の内部構造
写真左側が銃口方向で、ボルトが薬室を閉鎖している状態。斜めの溝を持つパーツがスライダー。（写真提供：Michael Davis）

通常は真後ろに後退するボルトを特殊なスライダーで下方へと逃がし、銃口の跳ね上がりを抑える新機構！

銃口と引き金が同一線上に位置する

一風変わった外観をしたサブマシンガン、クリス・ヴェクターは、大口径の45口径弾を毎分1100発から1500発で発射できる。威力の高い弾薬を使うわりに、反動や銃口の跳ねあがりが大幅に少ないのは、クリス・スーパーVシステム（KSVS）を採用しているからだ。このシステムは、スイスに本部をおく旧TDI社とアメリカのピカティニー造兵廠が共同で開発したもので、かんたんにいうと反動を後方ではなく下方へ逃がすユニークな機構だ。それを実現させるために、スライダーという部品が組み込まれている。

スライダーはボルト・キャリアーのようなものだが、反動のエネルギーを下方への運動エネルギーに変換すると同時に、弾丸発射後銃身内の燃焼ガスの圧力がまだ高いときボルトの動き

第1章 威力と反動の秘密

クリス・スーパーVシステムのしくみ

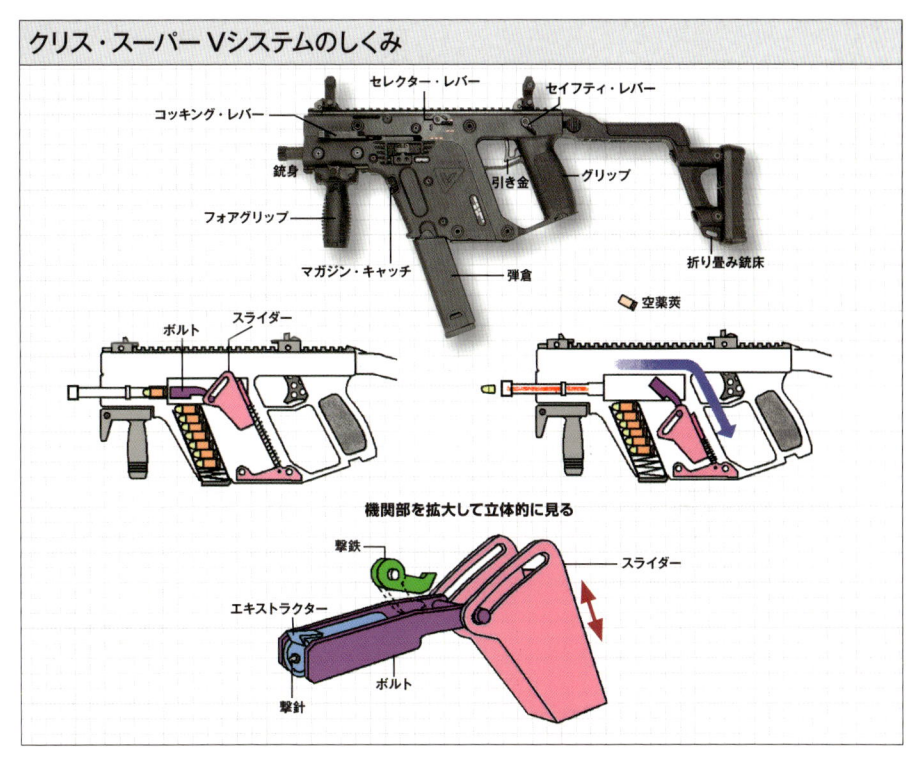

セレクター・レバー
セイフティ・レバー
コッキング・レバー
銃身
フォアグリップ
マガジン・キャッチ
引き金
グリップ
弾倉
折り畳み銃床

ボルト
スライダー
空薬莢

機関部を拡大して立体的に見る

撃鉄
スライダー
エキストラクター
ボルト
撃針

射撃後のボルトとスライダーの動きを再現した連続写真。通常、真後ろにかかるボルトの反動がスライダーによって下方向に向けられるしくみだ。ちなみに、動きを再現するためにスライダーのスプリングは取り外している。

を制御する役目も果たす。つまり、クリス・ヴェクターの作動方式は、一種の遅延ブローバックということになる。ただし、多くのサブマシンガンとちがって、オープン・ボルト式ではなく、ライフルのように薬室を閉じた状態から発砲するクローズド・ボルト式だ。

大口径弾を発射すると必然的に伴う銃口の跳ねあがりが極力抑えられるのは、銃身と引き金にかける指がほぼ同一線上に位置するよう設計されているからだ。同じ設計は、かつてオリンピックなどのスモールボア・ピストル競技で旧ソ連がカスタム銃に採用していたが、あまりの命中精度に「不公平」という声があがり、使用禁止になっている。

クリスとはインドネシアなどに特有の炎のような形をした刃をもつナイフのことで、ヴェクターとは物理学でいう「ベクトル（力などの大きさと向きを有する量）」のこと。

37

GUN STRUCTURES

目からウロコ度 ★☆☆

11 バレットM82のマズル・ブレーキ
銃口の**形状**が反動を軽減する

大口径ライフルで狙う
すさまじい威力を持つ50BMG弾を撃つバレットM82は、その反動を少しでも軽減させるために、銃口に特殊な形状をしたマズル・ブレーキを備えている。

銃口から出る発射ガスを後方に向けることによって銃身を前方に引っ張る驚きの銃口デザイン！

銃口デザインのさまざまな理由

バレットM82セミ・オートマチック・ライフルは、本来ヘビー・マシンガン用の50BMGという超大口径の弾薬を使用するおもに対物、狙撃用ライフルだ。ごく一般的ともいえる7.62mm NATO弾（308ウィンチェスター）と比べてみても、いかに50口径弾が大型かわかる（78ページ参照）。そんな弾薬を撃発させて弾丸を撃ち出すのだから、その衝撃はすさまじいもので、数字で表すと、銃口飛び出し時のエネルギーは約1万2000フット・ポンド、7.62mm NATO弾の約5倍にもなる。時速は、3000km以上。

作動方式は、衝撃の第一波を銃身の後退によって一時的に逃がしてからボルトを後退させるショート・リコイル方式だ。それでも、相当な衝撃になることは容易に想像がつくから、銃口

第1章　威力と反動の秘密

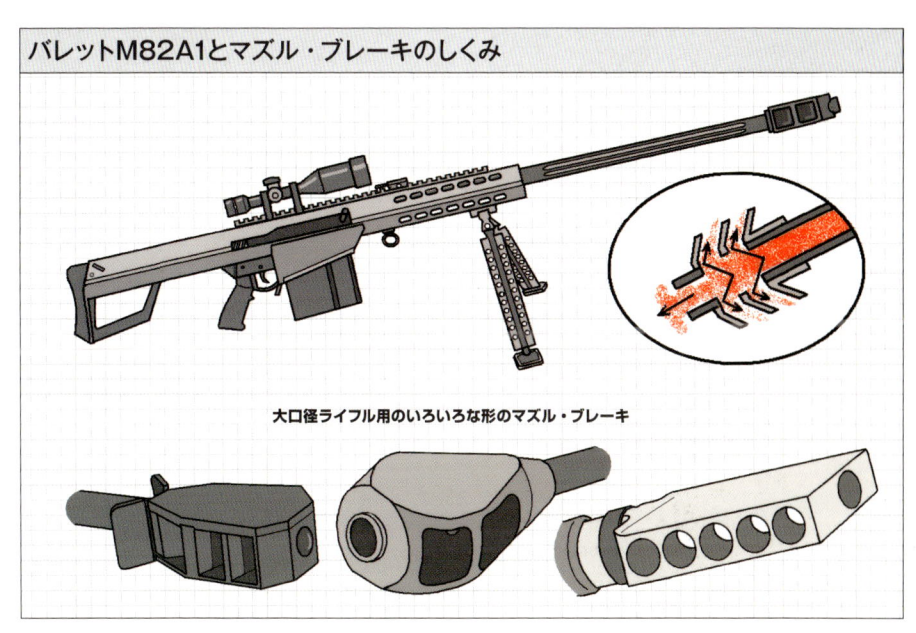

バレットM82A1とマズル・ブレーキのしくみ

大口径ライフル用のいろいろな形のマズル・ブレーキ

発射ガスを斜め後方に逃がすことで銃本体を前方に引っ張る力を積極的に発生させるのがマズル・ブレーキだ。

ココがポイント！
銃口から出る発射ガスで銃身を前方に引っぱる

銃口には大型のマズル・ブレーキ（銃口制退器）が装着してある。

銃口につけるアタッチメントには、マズル・ブレーキのほかにフラッシュサプレッサー（消炎器）、フラッシュハイダー（同）、マズル・コンペンセイター（補正器）などがあるが、多くは反動を軽減したり、銃口炎を消したり、銃口の跳ねあがりを抑えたりする役目を兼ねている。

バレットの大型マズル・ブレーキは、アタッチメントのなかに偏光板をもうけ、発射薬の燃焼ガスをそれにあてて斜め背後に逃がし、銃身を前方に引っぱる力を発生させようとするものだ。発砲による反動で銃は後退するから、銃身を前方に引っぱる力と銃を後退させる力が相殺される。この原理に基づいたマズル・ブレーキの形状はさまざまで、それぞれに工夫を凝らしてある。この銃を撃っている射撃シーンを見れば、マズル・ブレーキの効果の大きさがよくわかる。

39

GUN STRUCTURES

#12 アメリカ軍のベルト・リンク
ばらばらのリンクをつなぐのは弾薬

目からウロコ度 ★★☆

M60E3を撃つSEALs
M60マシンガンでは、左方向からベルト・リンクでつながった弾薬が供給され、射撃後は空薬莢とばらばらになったリンクが銃の右側から吐き出されてくる。

→ ベルト・リンク
→ 空薬莢

ココがポイント！
腕時計の金属バンドのように弾薬が連結子の役割を果たしている

アメリカ軍のベルト・リンクは、弾薬同士をリンクが、リンク同士を弾薬がつなぐしくみになっている！

分離するものと分離しないもの

1世紀以上まえのマシンガンに給弾する布製の弾帯なら、たんなるループ付きベルトだからわかるけれども、金属のリンク（連結環）をつなげたものは発砲後ひとつひとつ分離するものと分離しないものがあって、どうなっているのかよくわからないという疑問はもっともだ。日常ではまずぜったいに見かけないし、リアルな玩具なども存在しない。

金属の弾薬ベルトは、イメージとしてなら腕時計の金属バンドを想像してもいい。あの金属バンドも、つなげようとすればいくらでもつなげられるし、ばらばらにしようとすれば、細い連結子を引き抜けばばらばらになる。

銃の世界では、ベルト・フィードとはマシンガンに弾薬ベルトで給弾することで、ベルト・リンクとはその連結環のことだ。

40

第1章 威力と反動の秘密

M60マシンガンのベルト・フィード・システムのしくみ

凡例: ボルト・フィード・ポール／ボルト／ボルト・キャリアー／フィード・カム・レバー／フィード・カム／ベルト・リンク

1. ボルト・キャリアーとボルトがフィード・カムに沿って前進する。
2. ボルトは銃身後端の薬室に弾薬を押し込む。フィード・カムは矢印方向へ若干移動する。
3. 弾丸が発射されると、ボルトが後退して空薬莢を後方へ引き抜く。
4. 空薬莢が排出され、弾薬が薬室へ送り込まれると、ベルト・リンクがはずれ、ベルトの反対側へ押しやられて排出される。ボルト・フィード・ポールが移動して、ひとつ先の弾薬に爪をかける。

アメリカ軍のベルト・リンク

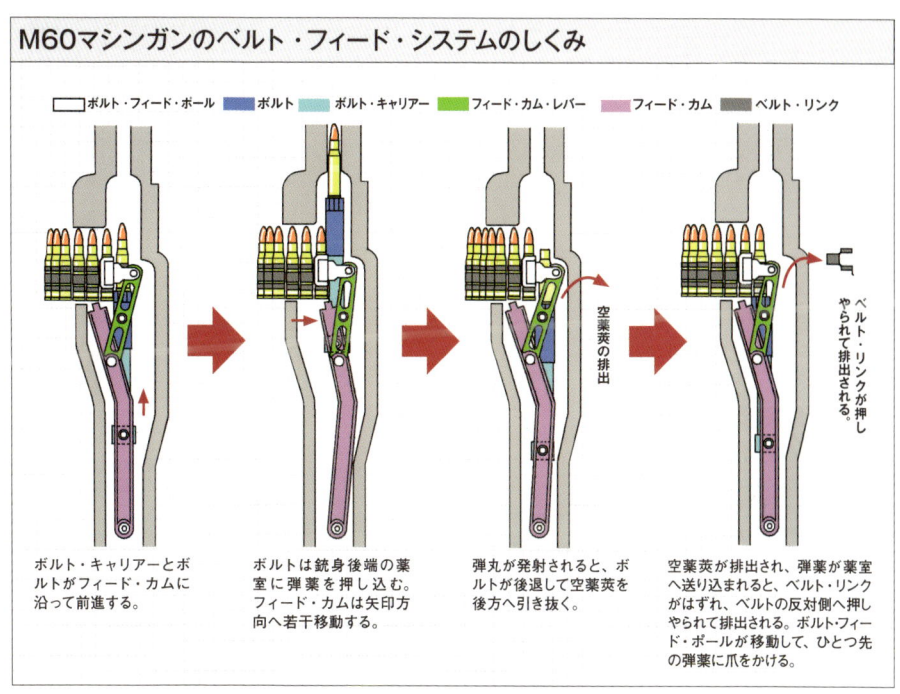

ロシアのRPKマシンガンは、右方向からベルト・フィードで送り込まれる。薬莢は排出されるがベルト・リンクはつながったまま左方向から吐き出される。

ひとつの弾薬をふたつのベルト・リンクが保持するしくみだ。

ロシアのRPKマシンガンやドイツのMG34マシンガンのベルト・リンクは、一定の長さまで細い蝶番でつながっていて、弾薬を薬室に送り込んでもそのままつながっている。だが、だいたい20～30発送り込んだところでいったん途切れる。

いっぽうアメリカ軍のたとえばM2やM60やM249マシンガンなどは、弾薬を引き抜くか、または押し出すかすると、ベルト・リンクがばらける。弾薬そのものが連結子になっているからだ。写真を見れば一目瞭然だろう。ベルト・リンクは、空薬莢といっしょに排莢口から勢いよく引っ掻き出されるのではなく、フィード・トレイの反対側の口からぞろぞろと吐き出される。

弾薬を引き抜くか押し出すかは、薬莢の形状できまる。たとえば薬莢底部のリムが出っぱっている"リムド"形状であれば、リンクから引き抜いて給弾するしかない。

GUN STRUCTURES

#13 キャリコM950のヘリカル・フィード・マガジン

目からウロコ度 ★☆☆

弾倉を筒状にして多弾化する

独特なデザインのキャリコM950
箱型弾倉を下から差し込む一般的な銃と異なり、銃の上部にある円筒形の弾倉に大量の弾薬を装填する。装弾数はなんと50発!

筒状の弾倉内に大量の弾薬を配置し、らせん状に回転させて給弾するという奇抜な発想!

上から装填して下から排莢する

ヘリカルとは"らせん"のことで、ヘリカル・フィード・マガジンとは、弾倉内でらせん状に弾薬を回転させて薬室へ送り込む多弾数収納の円筒型弾倉のことだ。1980年代半ばに、アメリカのマイケル・ミラーとウォーレン・ストックトンというふたりの人物が開発して、改良を重ねた。アメリカのキャリコ社のサブマシンガン、およびセミ・オートマチック・ピストル、ロシアのビゾン・サブマシンガンにしか使われていないが、アメリカでは1994年にアサルト・ウェポン規制法に抵触して、50発用、100発用弾倉も無用の長物となって姿を消し、10年後に連邦法が失効してやっと復活した。

キャリコには.22口径と9㎜口径のモデルがあり、後者はローラー・ロッキングを組み込んだ遅延ブローバック方式だ。

42

第1章 威力と反動の秘密

22口径用ヘリカル・フィード・マガジンのしくみ

上下のカバー

リアエンド・キャップと
ばねを圧縮するハンドル

弾込めのときは弾薬を
ここから入れる

フィード・リップ

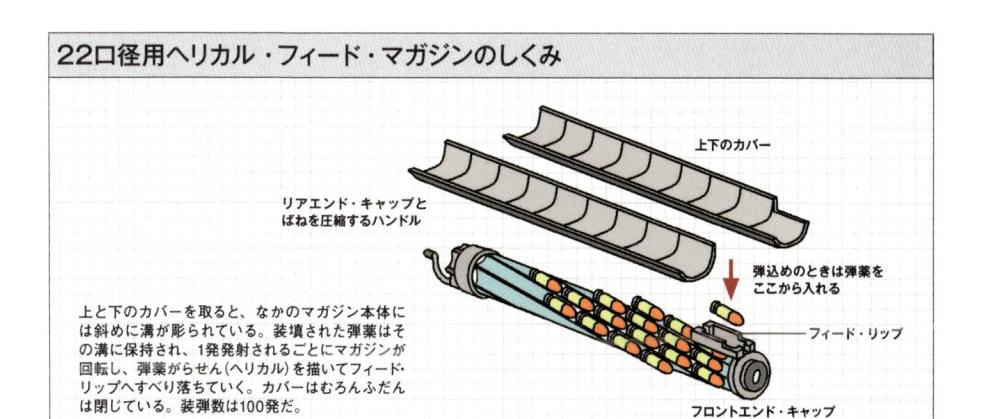

フロントエンド・キャップ

上と下のカバーを取ると、なかのマガジン本体には斜めに溝が彫られている。装填された弾薬はその溝に保持され、1発射されるごとにマガジンが回転し、弾薬がらせん（ヘリカル）を描いてフィード・リップへすべり落ちていく。カバーはむろんふだんは閉じている。装弾数は100発だ。

ココがポイント！
薬室への装填には弾倉内を回転させるしくみが必要

弾倉内は斜めに溝が彫られており、弾薬がその溝に沿って並んでいる。

弾倉をひっくり返して下側から9mm弾を1発ずつフィード・リップから装填していく。

プラスチック製のヘリカル・フィード・マガジンは機関部真上にマウントされ、排莢口は機関部真下にあいていて、9mm口径のモデルはその排莢口に空薬莢用の布袋を取り付けられる。奇異に感じられるデザインだが、多弾数のせいかアメリカでは存外人気がある。

ロシアのビゾン・サブマシンガンは、キャリコより数年おくれて、ヴィクトル・カラシニコフ（AKライフル開発者ミハイル・カラシニコフの息子）が開発した。口径は9mmで、薬莢の長さが9mmパラベラムの19mmより1mm短い18mmの弾薬を使う。作動方式はブローバックだが、セレクター・レバーなどは典型的なAKスタイルをそっくり引き継いでいる。ヘリカル・フィード・マガジンは64発入りで、引き金前方、銃身の真下に取り付ける。のちに9mm口径の強装弾（PMM）を撃てるよう改良され、最新ではビゾン-3にまで進化している。

43

第2章

安全と使いやすさの追求

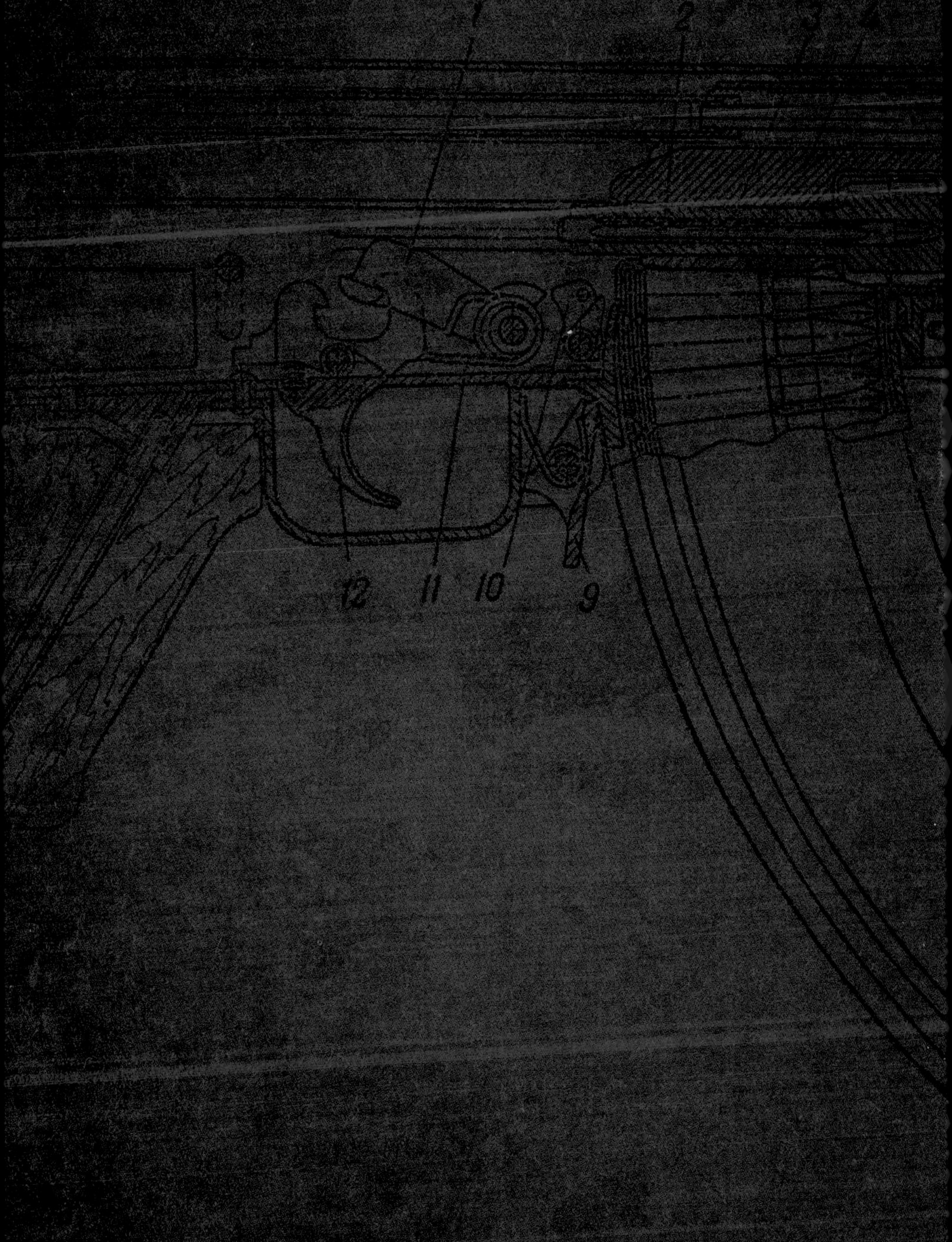
1
2
3
4
12
11
10
9

撃つための使いやすさから
安全を確保しながらの使いやすさへ

銃は19世紀後半から急速に進化して、どんどん使いやすく、便利で、しかも安全になってきた。金属薬莢が発明されて装填が元込め式になったことが発端で、連発式の開発が進んだ。弾薬の装填と空薬莢の排出に時間を要していたリボルバーも、改良が重ねられてスイングアウト式に進化したし、単発式だったライフルも機関部と弾倉の開発で強力な弾薬を使える連発式になった。

やがてオートマチック・ピストルも実用化されると、安全性に目がむけられるようになり、安全装置が3つも搭載されたモデルも出てきた。引き金を無反応にする装置、撃鉄を安全に降ろす装置、弾倉抜きでは引き金を引けない装置、など。起きた撃鉄がロックされてしまう装置や、グリップを握らないと引き金を引けない装置も

あった。だが、近年では装置を多用すると内部が複雑な構造になるうえ、操作に手間取ったり、逆に操作を誤ったりする可能性も考慮されて、手動の安全装置は減らされる傾向にある。

その代わり、銃の発砲機構自体を見直して、まったく新しくデザインされたものも出てきた。20世紀半ばに実現されたオートマチック・ピストルのダブル・アクション化もそのひとつと考えることもできるが、この章では手動の安全装置がない現代のモデルをふたつ取りあげている。

アサルト・ライフルなどは、発射モードが2種類（セミ／フル）から3種類（＋3点バースト）のものもあるので、それぞれ工夫を凝らして「安全装置がかかった状態＝セイフ」とともに、セレクター・レバーで選択できるようになっている。

GUN STRUCTURES

01 ピースメーカーの装填と排莢
ローディング・ゲートから1発ずつ

目からウロコ度 ★☆☆

古さ感じさせな美しいフォルム
140年以上も前に設計されたピースメーカーだが、アメリカでは現在も多くのレプリカが販売され、人気を博している。しかし、見た目からは確認しづらいが、現代のリボルバーのようにシリンダーを横に振り出して弾薬の装填・排莢はできない。

シリンダー後方のローディング・ゲートから装填し、エジェクター・ロッドを使って排莢する！

撃鉄のハーフ・コックでシリンダーが回る

コルト・ピースメーカー（制式名シングル・アクション・アーミー）というリボルバーは、南北戦争終結時から8年後の1873年、西部開拓がまっさかりだった時代に、コルト社のスタッフ陣によって開発された。会社創立者のサミュエル・コルトは、南北戦争がはじまった翌年、1862年に他界しているから、開発にはまったく関与していない。

ピースメーカーは現代のリボルバーとちがって、シリンダーを横に振り出すスイングアウト式ではない。銃の右側のふくらんだリコイル・シールドという部分に、ローディング・ゲートという開閉式の肉厚蓋があって、それをひらいて弾薬をシリンダーの穴に1発ずつ込めていく。ただし、そのときには、撃鉄を半分起こした状態（ハーフ・コック）にしないとシリンダーが回転しない。挿入口とシリンダーの穴

48

第2章　安全と使いやすさの追求

- フロント・サイト
- 銃身
- フルート（溝）
- シリンダー
- リコイル・シールド
- スパー
- 撃鉄
- エジェクター・ロッド
- ソリッド・フレーム
- ノッチ
- トリガーガード
- グリップ

ココがポイント！
撃鉄をハーフコックにするとシリンダーのロックがはずれて回転する

射撃後の空薬莢がシリンダー内に張り付いている場合は、銃身に並行して取り付けられているエジェクター・ロッドで押し出す。

ローディング・ゲートを開いたところ。ここから弾薬をシリンダー内に込めたり、撃ち終わった空薬莢を取り出したりする。

　（薬室）も一直線上にならばない。空薬莢を排出するときには、同じく撃鉄を半起こしにしてローディング・ゲートをひらき、銃口を上にして1発1発落としていく。あるいは、金属薬莢が穴に張り付いて落ちないとき、ローディング・ゲートをひらいたあと、銃身の真下に付いているばね仕掛けの金属棒、エジェクター・ロッドをてまえに押し、排出する。

　ピースメーカーの基となったモデルは、先込め式のパーカッション・リボルバー、コルトM1851であり、それは弾薬を使うものではなく、ピースメーカーと同じ位置でカップ式の小さな雷管をはめ込んで発砲準備を整えるものだった。弾薬を用いるようになった元込め式のピースメーカーは、雷管の装填口に蓋を付けたのだ。

　リボルバーがスイングアウト式になったのは19世紀末のことで、コルト社がスミス&ウェッソン社に7年先んじていた。

49

GUN STRUCTURES

目からウロコ度 ★☆☆

スコフィールドの排莢
#02 銃を折れば薬莢が持ち上がる

銃身をもって折り曲げる
中折れ式リボルバーのスコフィールドを折り曲げると、シリンダー内にあるエジェクター・ラチェットがもちあがり、いっぺんに排莢することができる。
（写真提供：床井雅美／神保照史）

排莢しやすくするために、銃を折るとヒンジがエジェクター・ラチェットを押して薬莢を持ち上げる！

ピースメーカーに負けた3つの理由

中折れ式というのは、おもに銃身を機関部から逆V字型に折って、弾薬の装填と空薬莢の排出をおこなう銃のことだ。

1875年にスミス＆ウェッソン社でジョージ・スコフィールド少佐が開発したリボルバー、スコフィールドがアメリカでは代表的なものだが、イギリスのエンフィールド・リボルバーもウェブリー＆スコット社の中折れ式リボルバーも、軍の制式銃にもなってとても息の長い（1887〜1963）ものだった。同社は、中折れ式リボルバーでありながらオートマチックで作動するウェブリー・フォズベリーというモデルも開発した。

スコフィールドは時代背景からとくにコルトのピースメーカーと比較され、ライバル関係にあって注目された。ピースメーカーは弾薬の装填も排莢も1発ずつしかできないが、スコ

50

第2章　安全と使いやすさの追求

スコフィールドの排莢と装填のしくみ

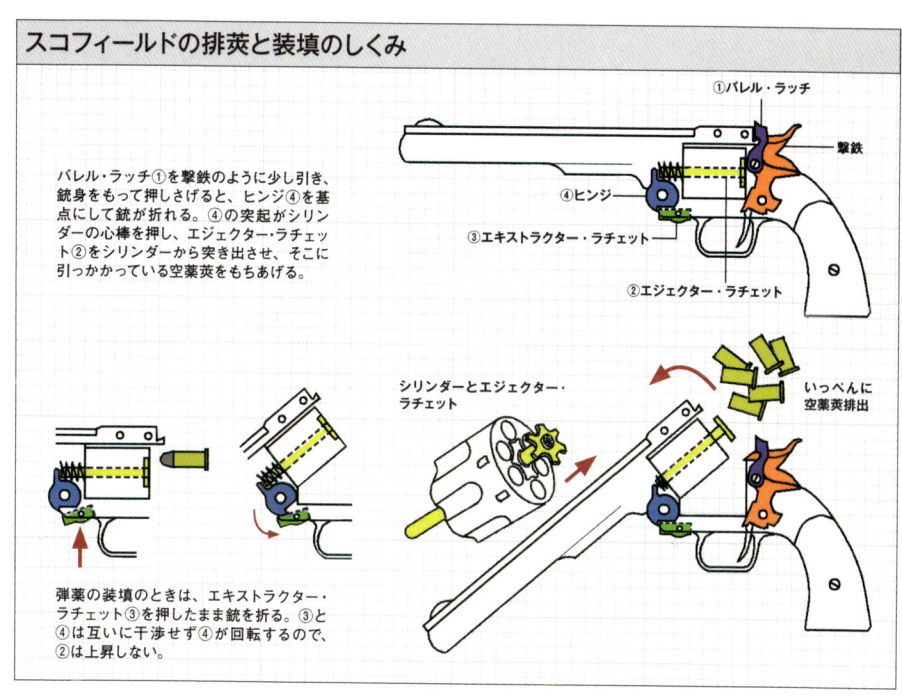

バレル・ラッチ①を撃鉄のように少し引き、銃身をもって押しさげると、ヒンジ④を基点にして銃が折れる。④の突起がシリンダーの心棒を押し、エジェクター・ラチェット②をシリンダーから突き出させ、そこに引っかかっている空薬莢をもちあげる。

①バレル・ラッチ
撃鉄
④ヒンジ
③エキストラクター・ラチェット
②エジェクター・ラチェット

シリンダーとエジェクター・ラチェット
いっぺんに空薬莢排出

弾薬の装填のときは、エキストラクター・ラチェット③を押したまま銃を折る。③と④は互いに干渉せず④が回転するので、②は上昇しない。

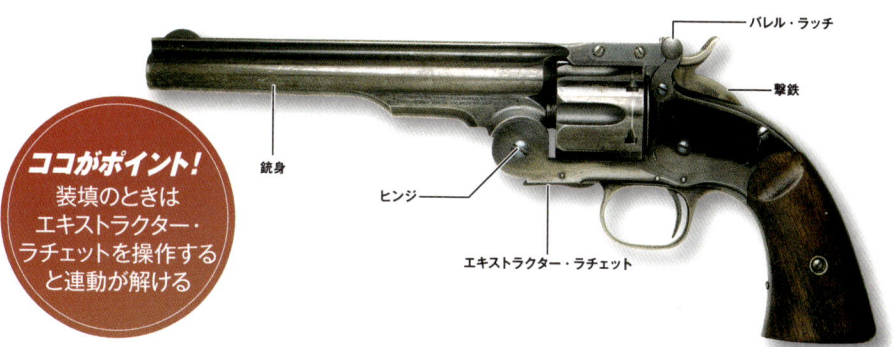

バレル・ラッチ
撃鉄
銃身
ヒンジ
エキストラクター・ラチェット

ココがポイント！
装填のときはエキストラクター・ラチェットを操作すると連動が解ける

フィールドは銃を折れば装填も速いし、排莢はいっぺんにできた。スミス＆ウェッソン社がスイングアウト式への進化でコルト社に7年も遅れをとったのは、中折れ式の機構に自負と自信をもっていたからだった。

にもかかわらず、ピースメーカーが市場で優位に立ったのには、理由が3つあった。ひとつは弾薬の問題で、スミス＆ウェッソン社はスコフィールド用の独自の弾薬を開発して、その弾薬しか使用できなかった。いっぽうピースメーカーは、軍の制式弾でもスコフィールド弾でもどちらも使用できた。また、所有者が羽振りの良さを自慢するほど高価な銃だったことも、スコフィールドに不利だった。

そして、スコフィールドには強度の問題があった。使用頻度によって、ヒンジのところにガタがきたり、破損したりした。結局、中折れ式は45口径弾を使うには堅牢さに難があると考えられたのだ。

51

#03 ルガー・リボルバーのトランスファー・バー
撃つときだけ撃鉄と撃針をつなぐ

GUN STRUCTURES

目からウロコ度 ★★☆

スーパー・レッドホークを撃つ!
撃鉄がいっぱいに引かれて、いままさに撃つ寸前の状態となったスターム・ルガー社のスーパー・レッドホーク。撃鉄の前方に見える板状のパーツがトランスファー・バーだ。

引き金を引いたときだけ撃鉄と撃針のあいだに迫り上がり、撃鉄の打撃力を撃針に伝える画期的な安全装置!

意図せぬ撃発を防ぐ伝達板

ビル・ルガーとアレグザンダー・スタームが興したスターム・ルガー社の銃は、値段が安いわりに堅牢であることで知られてきた。とくに、357マグナム弾使用のシングル・アクション・リボルバーのブラックホーク、同弾使用のダブル・アクション・リボルバーのレッドホーク、両者の44マグナム版のスーパー・ブラックホーク、スーパー・レッドホークなどはパワフルさを求める人たちに受け、会社の大ヒット商品となった。

スターム・ルガー社のリボルバーのヒット商品には、コルト社やスミス&ウェッソン社にない特徴が4つあった。取り外しができるネジ止めのサイドプレートがないこと。メインスプリングが板ばねでなく、コイルばねであること。シリンダーのロックはエジェクター・ロッドなどを介さず、フレームにじ

第2章 安全と使いやすさの追求

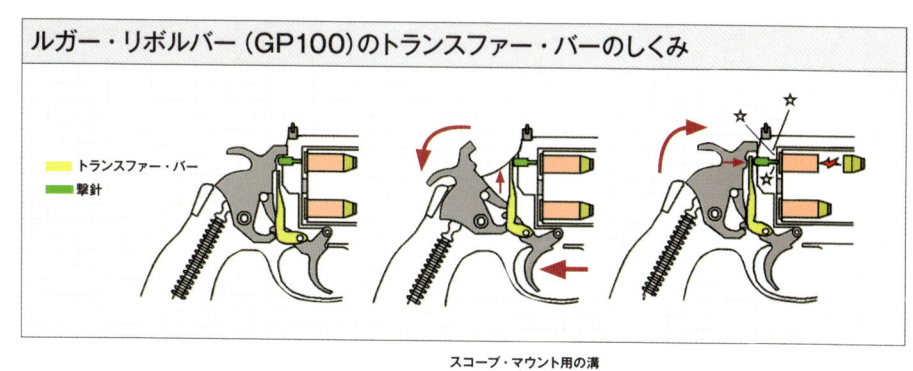

ルガー・リボルバー（GP100）のトランスファー・バーのしくみ

■ トランスファー・バー
■ 撃針

スコープ・マウント用の溝

ボタン式シリンダーラッチ

44マグナム弾

トランスファー・バー

ココがポイント！
撃鉄の先端が撃針だったそれまでのリボルバーの常識を覆した

撃針を覆い隠すように下からせり上がってきているトランスファー・バーを介して撃鉄は撃針を打撃する。引き金を引いていない時にはトランスファー・バーは下降しているので、なんらかの衝撃で撃鉄がシアからずれて前傾しても撃針を打撃することはない。

　トランスファー・バーはスターム・ルガー社の特許ではないが、同社のリボルバーを大きく特徴づけるものになっている。トランスファーとは「伝動する」、伝達する」という意味で、銃の場合は「撃鉄の打撃力を撃針に伝動する」ということだ。

　同社のリボルバーの撃鉄と撃針はべつべつに組み込まれていて、その両者のあいだにトランスファー・バーが介在している。引き金を引くと、撃鉄は倒れてトランスファー・バーを打撃する。その衝撃が撃針へ伝わり、撃針が弾薬底の雷管を打って撃発をおこすのだ。ふだんトランスファー・バーは下降していて、引き金を引いたときだけ迫りあがり、撃鉄と撃針のあいだに入ってくるので、うっかり銃を落としたりしても暴発はまずおこりようがない。

53

GUN STRUCTURES

#04 グロック、M&Pのトリガー・セイフティ

目からウロコ度 ★☆☆

引けば解除される引き金の**つっかえ**

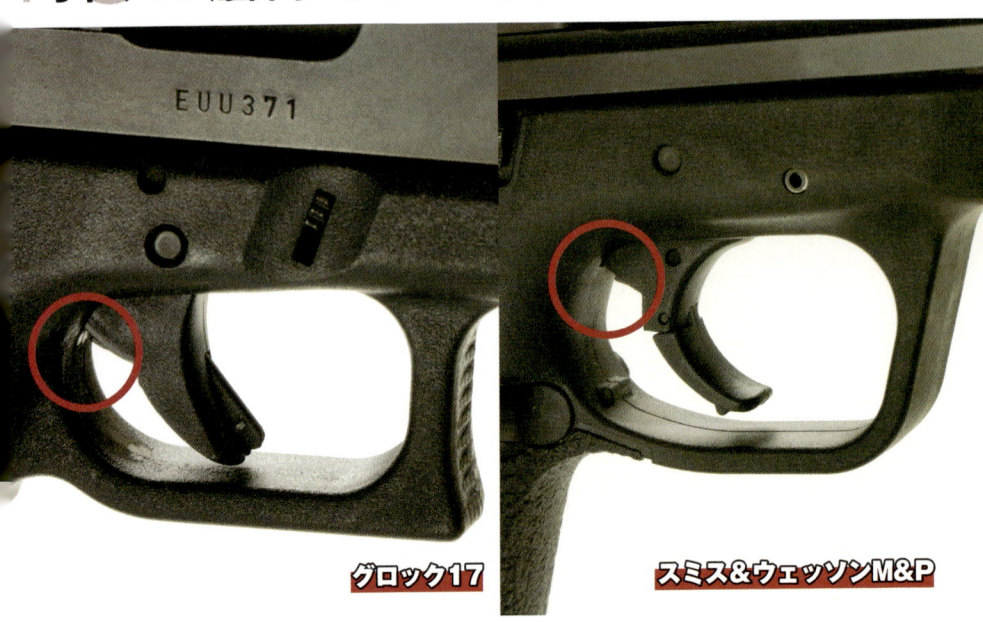

グロック17　　　　　スミス&ウェッソンM&P

各社のトリガー・セイフティ
引き金の中心から少し飛び出している小さいレバーを押し込むことで解除されるグロック17のトリガー・セイフティに対し、M&Pは引き金が上下で二分割となっており、下側を引くことで解除されるしくみになっている。見た目は違うが基本的な構造は同じだ。

きちんと引き金を引かないとはずれない、引き金に組み込まれたフレームにつっかえている安全装置！

引き金にあるもうひとつの引き金

銃の安全装置は何種類もあり、それぞれのしくみは単純であったり複雑であったりするし、オートマチック・ファイアリング・ピン・ブロック（AFPB）やトランスファー・バーなど、"セイフティ"という言葉がついていないものさえある。だが、なかでも驚くほど単純な仕掛けの安全装置のひとつは、"トリガー・セイフティ"だ。このセイフティは、"かける"装置ではなく、"解除する"装置だ。前項のトランスファー・バーと同じように、うっかり銃を落としたりしても暴発はおこらない。

市場で周知されているのは、グロック・オートマチック・ピストルのものだ。グロックのトリガー・セイフティは、引き金にもうひとつの引き金のようなレバーが埋め込んであり、引き金中心部のピンを基点として下部が少し突き出ている。上部も

トリガー・セイフティのしくみ

グロックの場合

引き金
でっぱり
トリガー・セイフティ

引き金にもうひとつレバーが埋め込んであり、その後方がフレームにつっかえている。引き金に指をかけて引けばそのレバーも引かれてつっかえが解除され、発砲できる。

スミス&ウェッソン M&Pの場合

でっぱり
トリガー・セイフティ

ココがポイント！
撃ちたいときにセイフティがかかって撃てないことは、射手にとって安全ではない

「撃つ」というしっかりした意思を持って引き金を引けば、同時にセイフティも解除されて弾が撃てる。引き金とは別に設けられたレバーを操作する必要がある従来のセイフティよりも単純で確実なしくみだ。

引き金から少しはみ出している。引き金に指をかけると、少し突き出たレバーの下部にも指をかけることになり、同時にシーソーのようなレバーの上部をフレームのなかへ引っ込ませることになる。そして、引き金が引ける。

ようするに、はみ出していたレバー上部は、フレームにつっかえて引き金が引かれることを物理的に阻止しているだけなのだ。きちんと引き金に指をかけて引かないかぎり、弾丸が発射されることはない、というしごく単純なしくみだ。

一般人の安全を考慮した装置というより、射撃の訓練を受ける兵士や法執行官などの向けの安全装置といってよく、アメリカの警察への普及率が高いグロックのほかに、スミス&ウェッソン社のM&P（ミリタリー・アンド・ポリス）、ヘッケラー&コック社のサブマシンガン、MP7などに組み込まれている。

GUN STRUCTURES

目からウロコ度 ★★★

#05 グロックのセイフ・アクション
撃針を**75%**引いた状態にする

射撃後スライドが後退しても撃針を完全に引ききらず、引き金を引かないかぎり撃発に至らないアクション！

シアのない独特の機構

1980年にオーストリアでガストン・グロックによって開発されたプラスチック（ポリマー）製オートマチック・ピストル、グロックは、さまざまな意味でかなり斬新的だったため世界の銃器界で話題になった。

話題のひとつは、グロック社が謳った新たな"セイフ・アクション"とはなにか、というものだった。なにしろ、この拳銃はシングル・アクション（SA）でもダブル・アクション（DA）でもない、というのだから。

グロックには、弾薬底の雷管を突く撃針の前進に関与する"シア"という部品がない（似た働きをするものはある）。ほとんどのオートマチック・ピストルでは、SAだろうとDAだろうとシアが介在して、SAなら後退させた撃針、あるいは起こした撃鉄の動きをシアでいったん保持し、引き金を引いてシア

第2章　安全と使いやすさの追求

グロック独特のアクション
グロック17の射撃シーン。撃鉄のないストライカー式の自動拳銃だ。シンプルに見える外観とは裏腹に、安全面を意識した独特のメカニズムは驚きに満ちている。

を解放する。ようするに、"つっかえをはずす"のだ。すると撃針が前進し、撃発、発砲となる。DAでも、引き金を引くとシアが連動して撃鉄を起こしていき、その後解放して撃針に弾薬底の雷管を突かせる。ところが、グロックにはシアがないので、その過程が少し異なってくる。

グロックには、撃鉄がない。だから、動くのは撃針で、往復運動するスライドはつねに撃針を約75％だけ後退させて保持する。ここで撃針を解放しても、前進距離が短すぎて充分な打撃力を雷管に伝えられない。そこでグロックでは、さらに引き金を引き、のこり約25％の距離（約9・5㎜）を後退させるのだ。撃針が100％の位置まで後退してはじめて、撃針は解放されて前進し、充分な打撃力で雷管を打つ。こうしたユニークな過程を見ると、グロックはたしかにSAにもDAにもあてはまらない。

GUN STRUCTURES

グロックのセイフ・アクションのしくみ

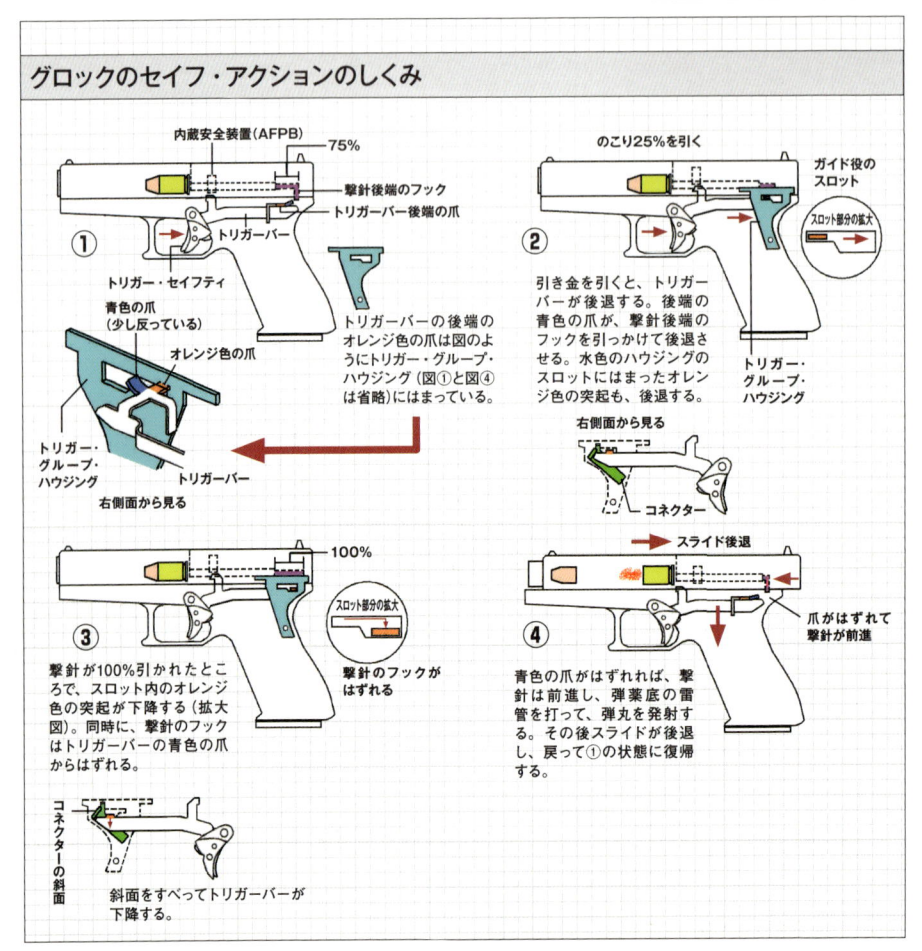

① 内蔵安全装置(AFPB) / 75% / 撃針後端のフック / トリガーバー後端の爪 / トリガー・セイフティ / 青色の爪（少し反っている） / オレンジ色の爪 / トリガー・グループ・ハウジング / トリガーバー / 右側面から見る

トリガーバーの後端のオレンジ色の爪は図のようにトリガー・グループ・ハウジング（図①と図④は省略）にはまっている。

② のこり25%を引く / ガイド役のスロット / スロット部分の拡大 / トリガー・グループ・ハウジング / 右側面から見る / コネクター

引き金を引くと、トリガーバーが後退する。後端の青色の爪が、撃針後端のフックを引っかけて後退させる。水色のハウジングのスロットにはまったオレンジ色の突起も、後退する。

③ 100% / スロット部分の拡大 / 撃針のフックがはずれる / コネクターの斜面 / 斜面をすべってトリガーバーが下降する。

撃針が100%引かれたところで、スロット内のオレンジ色の突起が下降する（拡大図）。同時に、撃針のフックはトリガーバーの青色の爪からはずれる。

④ スライド後退 / 爪がはずれて撃針が前進

青色の爪がはずれれば、撃針は前進し、弾薬底の雷管を打って、弾丸を発射する。その後スライドが後退し、戻って①の状態に復帰する。

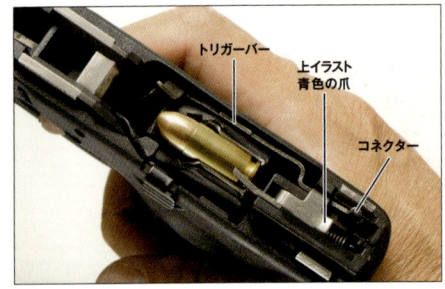

75%の状態
トリガーバー / 上イラスト青色の爪 / コネクター

スライドを外して上から見たところ。スライドが前進すると撃針後端のフックがトリガーバー後端にある上に少し沿った部分（上イラストでいうところの「青色の爪」）に引っかかり、トリガーバーを前進させる。

100%の状態

引き金を引くとトリガーバーが後退し、撃針の残り25%を引いたところでトリガーバーがコネクターに当たり下降することで、撃針が勢い良く前進して雷管を打撃し、弾が発射される。その後、後退したスライドによりコネクターが引っ掛けられてトリガーバーは再び上昇、前進してくるスライド下部にある撃針のフックがひっかかり、再び発射準備が整う。

58

第2章　安全と使いやすさの追求

トリガーバー前方の突起

内蔵安全装置
（AFPB）

3つめの安全装置
グロックには全部で3つの安全対策がある。ひとつは右ページで解説したセイフ・アクション、ふたつ目は54ページで解説したトリガー・セイフティ。そして3つ目が、引き金をいっぱいまで引いた時以外は撃針が前進しないようにするAFPB（オートマチック・ファイアリング・ピン・ブロック）だ。スライド内側にある丸いボタンがAFPBで、押されていない状態では撃針の前進を阻んでいる。引き金を引くとトリガーバーがこのボタンを押し、撃針が前進可能な状態となる。

撃針後端のフック

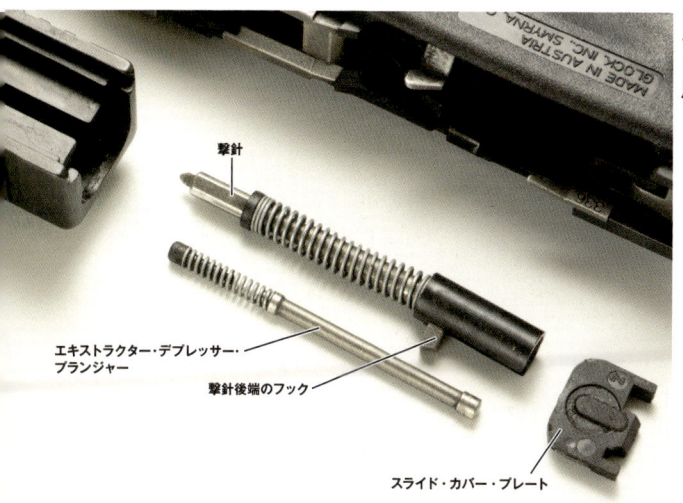

グロックのスライド内に組み込まれている撃針と周辺部品。撃鉄がないグロックはスプリングの反発力を利用して撃針を前進させる。

撃針

エキストラクター・デプレッサー・プランジャー

撃針後端のフック

スライド・カバー・プレート

ココがポイント！
75%引かれている状態で間違って撃針が前進しても撃発には至らない

GUN STRUCTURES

#06 P7のスクウィズ・コッカー
正しく握らなければ撃てない

目からウロコ度 ★★☆

スクウィズ・コッカーを握る
射撃時にグリップ部にある大きなレバーを握るP7。銃の後部からストライカーが飛び出して、引き金を引けば発砲できる状態になったことを射手に知らせている。

無動作 / **握る** / **引く**

銃を正しく握る動作が撃発準備とセイフティ解除の役割を果たす一風変わったのアクション！

グリップを握り込んで撃つ

ヘッケラー＆コック社のP7というセミ・オートマチック・ピストルの機構は、"スクウィズ・コッカー"というものがグリップに組み込まれていて、とても変わっている。"スクウィズ"というのは「絞る、握り込む」という意味で、握り込んで発砲準備をととのえるという変則的なものだ。

作動方式は遅延ブローバックで、薬室には膨張する薬莢の張り付きを防ぐ溝が数本浅く彫られている。

射撃のときには当然グリップを握るが、その手の力を緩めれば暴発の危険がなくなるため手動の安全装置は組み込まれていない。そのかわり、ある程度力を込めてグリップを握らないと発砲できないので、射撃のときはそちらに神経が集中してしまって、照準がうまく定まらないことがある、という欠点も指摘さ

60

第2章 安全と使いやすさの追求

スクウィズ・コッキングのしくみ

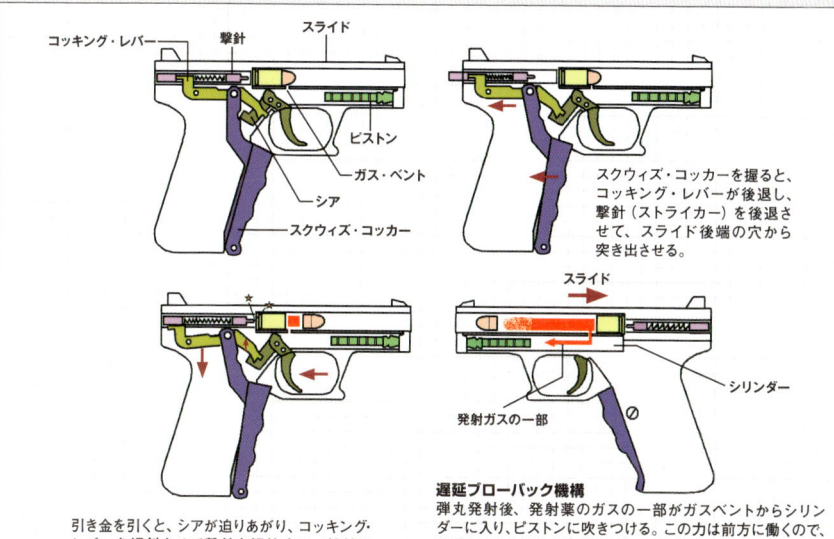

図中ラベル：コッキング・レバー、撃針、スライド、ピストン、ガス・ベント、シア、スクウィズ・コッカー

スクウィズ・コッカーを握ると、コッキング・レバーが後退し、撃針（ストライカー）を後退させて、スライド後端の穴から突き出させる。

引き金を引くと、シアが迫りあがり、コッキング・レバーを傾斜させて撃針を解放する。撃針は前進し、弾薬底の雷管を打って撃発がおこる。

スライド、シリンダー、発射ガスの一部

遅延ブローバック機構
弾丸発射後、発射薬のガスの一部がガスベントからシリンダーに入り、ピストンに吹きつける。この力は前方に働くので、後退しようとするスライドにブレーキをかける。カール・バルニッケという人名から採って、"バルニッケ・システム"ともいう。

ココがポイント！
トリガー・セイフティと同様に撃つ意志を妨げない安全機構

ブローバックの銃と同じように、銃身はフレームに固定されているP7。通常の現代オートとは違うしくみでスライドの後退を遅延させているのだ。

銃身の内側を薬室側から見たところ。薬莢の貼り付きを防ぐ溝の先に開いている小さな穴から発射ガスの一部をを取り込み、シリンダー＆ピストンに吹き込むしくみだ。

もともとは1976年に、PSP（ポリゼイ・セルブシュタラデ・ピストーレ）の名で登場した。以来、ドイツでは軍警察、連邦警察、いくつかの市警察に採用された。アメリカではニュージャージー州警察、空港警察、公園警察などが採用していたが、総スチール製なので重く、ポリマー製の軽いグロックに乗り換えた公共機関は多いはずだ。

変わり種とも言えるのに意外と息は長く、製造は2007年までつづけられた。そのあいだに、改良によるバージョンアップが何度かおこなわれた。もっとも大きな改良は、1984年、弾倉装弾数が8発から13発になり、モデル名がP7M13となった。P7M10というモデルは、1990年代にはじめたころつくられた40S&W弾を撃つモデルだが、競争相手が多く、結局少数の限定生産で終わった。（10mm）が台頭しはじめたころつくられた40S&W弾を撃つモデルだが、競争相手が多く、結局少数の限定生産で終わった。

07 M700のコック・オン・オープニング

目からウロコ度 ★★★☆

ハンドルを**あげるだけ**で撃針をセット

狙撃ではまだまだ現役
レミントン社のM700ボルト・アクション・ライフルをベースにアメリカ海兵隊用に改良されたM40スナイパー・ライフル。フロント・ロッキングにコック・オン・オープニングの組み合わせは、マウザー・ライフルと同様のしくみだ。

ボルト・ハンドルを押しあげる動作だけで発砲の準備が整う、意外なほどシンプルなしくみ！

ボルト・アクションの知られざる種類

19世紀末期に開発されたボルト・アクション・ライフルの先駆け、マウザーGew98のアクションは、現代でも多くのボルト・アクション・ライフルに採用されている。

ボルト・アクションは、日本語で槓桿（こうかん）というボルト・ハンドルを通常下から上へ押しあげ、後方へ引き、弾倉内の弾薬を薬室へ押し入れたのちボルト・ハンドルをまた元の位置に戻し、薬室を閉じる。引き金を引けば、撃針が前進して弾薬底の雷管を打ち、発砲となる。撃鉄はなく、ひじょうに命中率がよいため、じっくり狙え、遠距離の射撃競技や狙撃に最適な銃だ。

機構には大別してフロント・ロッキングとリア・ロッキングがある。前者は、薬室を閉じるボルトの前方にロッキング・ラグ（凸）がある。そのラグが、薬室側のリセス（凹）にはまっ

第2章　安全と使いやすさの追求

M700のコック・オン・オープニングのしくみ

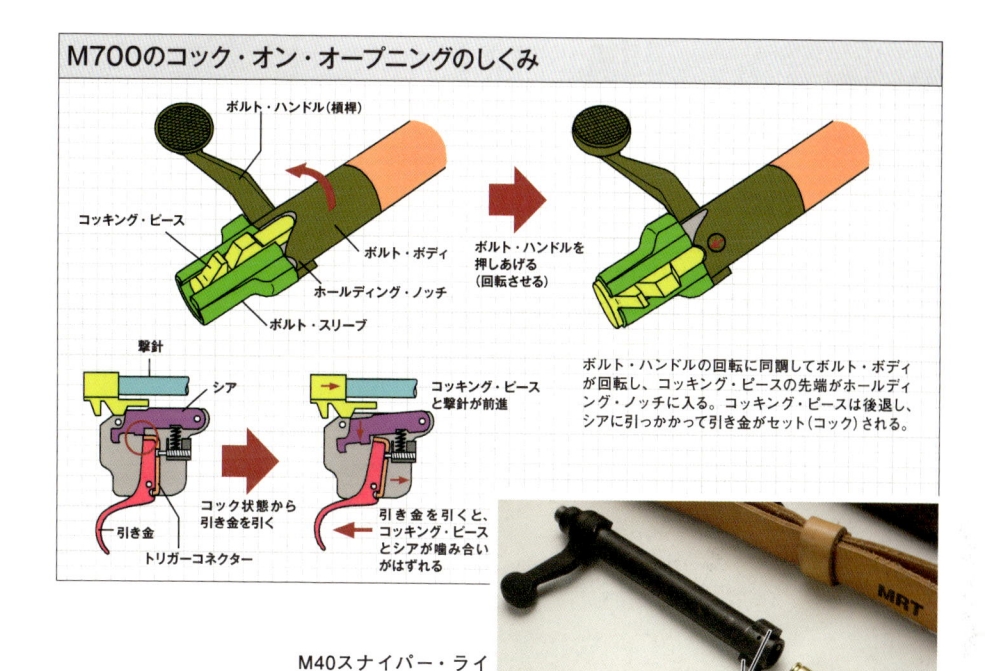

- ボルト・ハンドル(槓桿)
- コッキング・ピース
- ボルト・ボディ
- ホールディング・ノッチ
- ボルト・スリーブ
- ボルト・ハンドルを押しあげる（回転させる）

ボルト・ハンドルの回転に同調してボルト・ボディが回転し、コッキング・ピースの先端がホールディング・ノッチに入る。コッキング・ピースは後退し、シアに引っかかって引き金がセット（コック）される。

- 撃針
- シア
- コッキング・ピースと撃針が前進
- 引き金
- トリガーコネクター
- コック状態から引き金を引く
- 引き金を引くと、コッキング・ピースとシアが噛み合いがはずれる

M40スナイパー・ライフルのボルト。先端のふたつの突起が薬室とがっちり噛み合うフロント・ロッキング式だ。

ロッキング・ラグ

ココがポイント！
現在のボルト・アクションのほとんどがコック・オン・オープニング

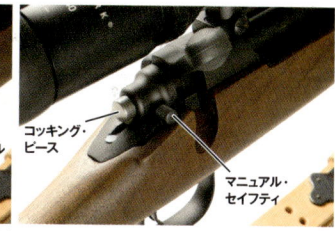

- ボルト・ハンドル
- コッキング・ピース
- マニュアル・セイフティ

撃針が前進した発砲後の状態（写真左）。ボルト・ハンドルを押しあげる動作だけで、ボルトと直結しているコッキング・ピースが後方に引かれる。

作動方式には、コック・オン・オープニングとコック・オン・クロージングがある。ボルト・ハンドルを押しあげたときに、コック、つまり引き金を引けば撃針が前進する状態にセットされるのが前者。薬室をオープンにしようとしたときに、発砲の準備が完了するのだ。ボルト・ハンドルを後方に引いたり、押し戻したりする作業は、コックに関与しない。対して、後者は、ボルト・ハンドルを上に押しあげた時点で撃針のばねが約3分の1ほど圧縮され、薬室を閉じるためボルト・ハンドルを押して元に戻したとき、引き金がセットされる。

後者にはイギリスの旧軍用銃リー・エンフィールド・ライフルも含まれるが、現代では狙撃銃に使われているレミントンM700をはじめ、コック・オン・オープニング方式のほうがずっと多い。

63

#08 射撃時にハンドルが動くか動かないか

GUN STRUCTURES

M4カービン、G36のレシプロケート ★★★ 目からウロコ度

コッキング・ハンドル

空薬莢

> **G36アサルト・ライフルの射撃!**
> 排莢口の真上にあるコッキング・ハンドルは、銃の内部にあるボルトと連結されており、射撃時には激しく前後に動く。

ボルトとコッキング・ハンドルの単純な接続のしくみで、往復運動に同調するかしないかが決まる!

ボルトの動きに同調させるかさせないか

M16ライフルやM4カービンは、チャージング・ハンドルを手で引いて放すと、引き金がセットされ、発砲するとチャージング・ハンドルはまったく動かない。他方、G36アサルト・ライフルはコッキング・ハンドルを手で引いて放し、発砲するとコッキング・ハンドルが往復運動をする。この往復運動を、レシプロケートという。ボルトの動きに同調するかしないかの違いだ。

概して、ボルト、またはボルト・キャリアーにハンドルなりレバーが直付けしてある機種は、ボルトの動きに合わせてそれが激しくレシプロケートする。顕著なのは、M1ガランド、AK-47、L85A1、89式などで、ハンドルやレバーを小さめにして銃の振動をなるべく抑え込もうとしている。反面、弾薬が薬室に入りきらない閉鎖不良

64

第2章　安全と使いやすさの追求

M16系の場合

ハンドルを後方に引けば、ボルト、ボルト・キャリアーは後退する。

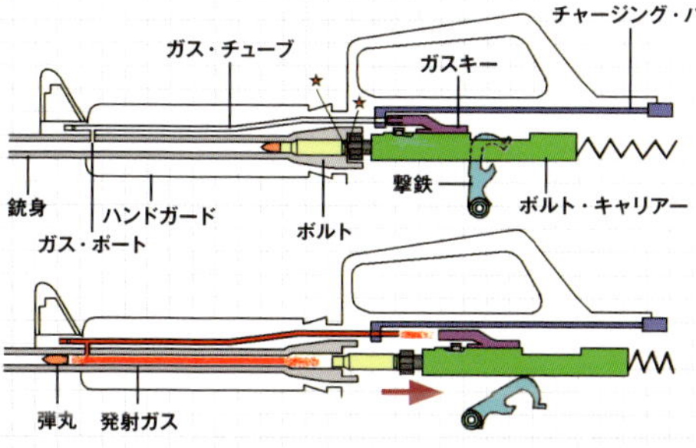

発砲後、ボルト、ボルト・キャリアーは後退するが、ハンドルは連動しない。

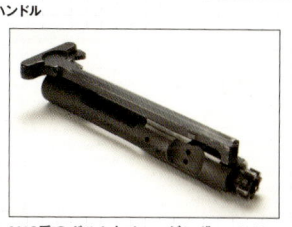

ラベル：チャージング・ハンドル、ガス・チューブ、ガスキー、撃鉄、ボルト・キャリアー、銃身、ハンドガード、ガス・ポート、ボルト、弾丸、発射ガス

M16系のボルトとチャージング・ハンドルを組み合わせたところ。チャージング・ハンドルはボルトを後方に引くことはできるが、前方に押すことはできない。

G36の場合

ハンドルはボルト・キャリアーと直付けしてあるので、発砲後にボルト・キャリアーの後退、前進と連動して往復運動（レシプロケート）する。

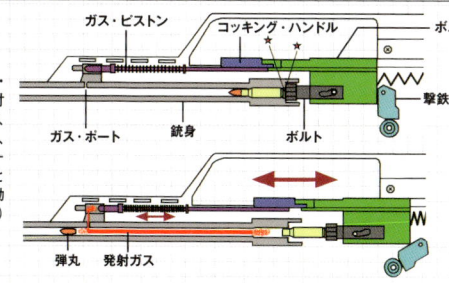

ラベル：ガス・ピストン、コッキング・ハンドル、ボルト・キャリアー、撃鉄、ガス・ポート、銃身、ボルト、弾丸、発射ガス

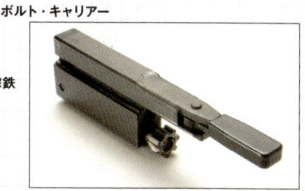

コッキング・ハンドルはボルトに固定されているので射撃時にはボルトと一緒に激しく前後に動く。ハンドルは通常は真っ直ぐ前方を向いていて、操作するときに左右どちらにも折り曲げて引けるようになっている。

ココがポイント！
レシプロケートしてもしなくても一長一短がある

M16系ライフルでは、射撃時にチャージング・ハンドルは動かない。

　がおきたときには、ハンドルなどをたたくなり蹴るなりして強制的に対処できる利点がある。

　ハンドルがレシプロケートしないのは、M16系のほかに、AUG、FN・FAL、HK G3など。ボルトとハンドルは接触しているが、直付けされてはいない。上や横へ飛び出たものが動かないから銃によけいな振動が伝わらず、命中精度に影響をあたえにくい。ただし、M16系は機構上、地面に伏せた射撃姿勢（プローン）を維持したままハンドルを引くことは困難だ。

　射撃中に弾切れし、弾倉を入れ替えるとき、AKなどレバーが直付けであれば、銃床を肩にあてたまま照準しながら弾倉を挿入し、あいている方の手でレバーを引けばよいが、肩付けでハンドルが引けないM16系は、銃左側面に付いているボルト・キャッチを平手でたたけば後退したままだったボルトが前進してすぐに射撃が開始できる。

65

GUN STRUCTURES

#09 AK系のセレクター・レバー
上から**セイフティ、フル、セミ**

目からウロコ度 ★★☆

初弾の装填
銃の右側面にある大きなレバーがAK系ライフルのセイフティ。射撃しない時には機関部側面にあるスロットを塞ぐダスト・カバーの役割も果している。

レバーの上下でセイフティ・オン、フルオート、セミオートが選べる意外にもシンプルな機構！

ロシアの小火器が採用するAKスタイル

AK-47をはじめとするAK系の多くの小火器の右サイドには、同じ形状のレバーが付いている。それは指1本で押しさげたり、押しあげたりできるようになっているが、なんのイニシャルもアイコンも刻印されていない。AK系小火器にとても特徴的なレバーだと考えられているが、じつはアメリカのレミントン社が20世紀初頭に発売したセミ・オートマチック・ライフルのM1908、のちのモデル8をコピーしたものだ。

機関部の内部には、引き金部、撃鉄、ディスコネクターが次ページのイラストのように組み合わさっている。それにセレクター・レバーの板状の本体が噛み合うしくみだ。レバーをいちばん上にあげたときは、セイフティ・オンで、しかも埃や異物が入らないようコッキング・レバーの往復用スロットに蓋をす

66

第2章　安全と使いやすさの追求

AKライフルのセレクター・レバーのしくみ

ココがポイント！
セミ・オートの位置が一番下なのは、セレクター・レバーの構造的な理由

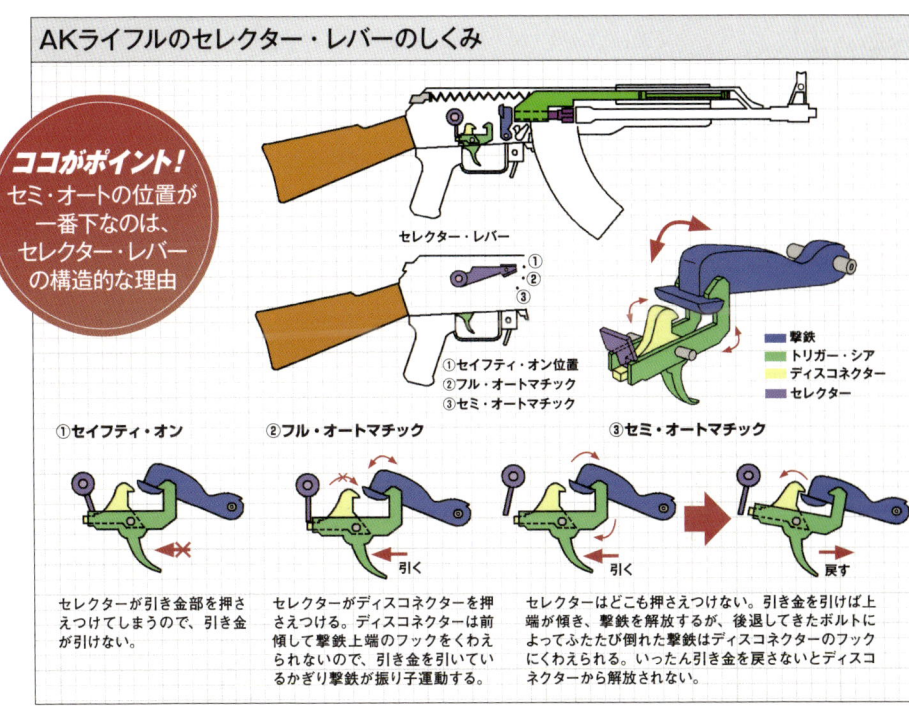

セレクター・レバー

① セイフティ・オン位置
② フル・オートマチック
③ セミ・オートマチック

■ 撃鉄
■ トリガー・シア
■ ディスコネクター
■ セレクター

① セイフティ・オン
セレクターが引き金部を押さえつけてしまうので、引き金が引けない。

② フル・オートマチック
引く
セレクターがディスコネクターを押し傾けて撃鉄上端のフックをくわえられないので、引き金を引いているかぎり撃鉄が振り子運動する。

③ セミ・オートマチック
引く　戻す
セレクターはどこも押さえつけない。引き金を引けば上端が傾き、撃鉄を解放するが、後退してきたボルトによってふたたび倒れた撃鉄はディスコネクターのフックにくわえられる。いったん引き金を戻さないとディスコネクターから解放されない。

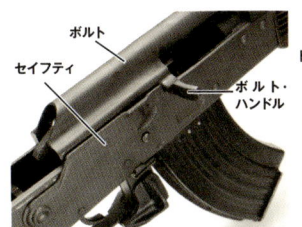

ボルト
セイフティ
ボルト・ハンドル

セイフティをかけた状態。わかりやすいようにボルト・カバーは外してある。セイフティに邪魔されてボルト・ハンドルが途中までしか引けない。

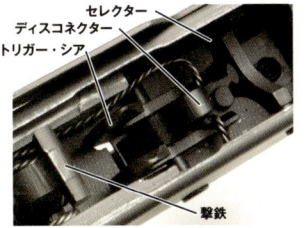

セレクター
ディスコネクター
トリガー・シア
撃鉄

セイフティ・オンの状態。わかりやすいように撃鉄は倒れた状態にしてある。セレクターがトリガー・シアの後部を押さえている。

セレクター

セミ・オートマチックの状態。セレクターがトリガー・シアから離れているので、引き金が引ける状態になっているのが分かる。

ロシアの小火器は、多くがAKスタイルと称してこの機構を採用し、各種オートマチック（アサルト）・ライフル、スナイパー・ライフルのドラグノフ、ショットガンのサイガ12、マシンガンのPKM、サブマシンガンのビゾンにいたるまで、外観がよく似たデザインとなっている。

この銃のセレクター・レバーは4段階になっている。AK-107ライフルにはほかに3点バースト・モード（引き金を引くたびに3発だけ連射される）があるので、この銃のセレクター・レバーは4段階になっている。

双方の発射射撃モードのときには、機関部右サイドのスロットがあいた状態になり、埃や異物が入りやすくなる反面、空気の流通がよくなる。AK-107ライフルにはほかに3点バースト・モードがある。

る状態になる。レバーを一段おろすと、セレクターが押さえつけるところが移動して、フル・オートマチック・モードになる。さらにもう一段おろすと、セレクターはどこも押さえつけなくなり、セミ・オートマチック・モードになる。

GUN STRUCTURES

#10 M16系のセレクター・レバー
セミとフルでは別パーツが稼働

目からウロコ度 ★★★

ココがポイント！
撃鉄にはセミ用とフル用のふたつフックがある

M16A4を撃つアメリカ海兵隊
引き金を1回引くと3発発射される機構を3点バーストといい、M16A4にはその3点バーストが備わっている。

セミではディスコネクターが、フルではオート・シアが撃鉄を保持して撃ち分ける目からウロコのしくみ！

レバーの操作で3種類のモードが選べる

M16は、ヴェトナム戦争ではじめて投入され、不具合を改良されてM16A1となり、以来発射モードを変更したりしてA2、A3、A4と進化してきた。使用弾薬は222レミントンという民間用ライフル弾を軍用にした223レミントン（5・56㎜×45、と表す）で、弾薬もライフル本体に合わせて何度か改良されている。

M16A1はヴェトナムの高温多湿の環境下で兵士たちの命を危険にさらした不具合を改良したもので、具体的には薬室にクロムめっきをほどこし、閉鎖不良に対処するボルトフォワード・アシストを付けたモデル。弾薬は、NATO命名のM193弾を用いた。

A2は1982年に制式化されたもので、フル・オートマチック・モードを排して、3点バースト・モード（引き金を引くた

68

M16系のセミオートとフルオートのしくみ

セミ・オートマチックのサイクル

セレクター・レバーを"SEMI"の位置にまわし、チャージング・ハンドルを引いて放し、撃鉄を起こした状態。

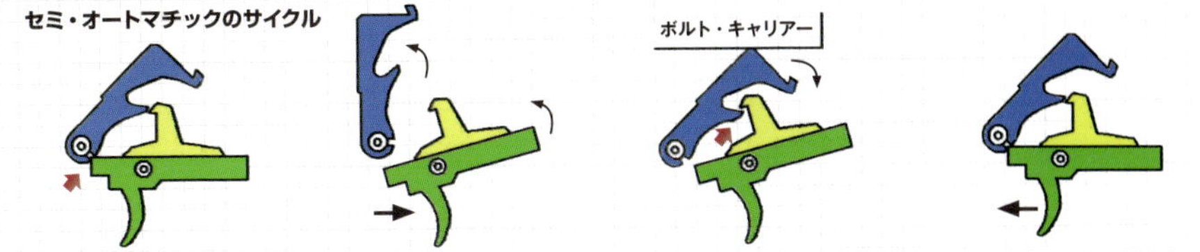

引き金を引くと、赤い矢印部分がはずれて撃鉄が解放される。

弾丸が発射され、ガス・オペレーションによってボルト・キャリアーが後退してきて、撃鉄を起こす。赤い矢印の部分で撃鉄のフックとディスコネクターの爪が噛み合う。

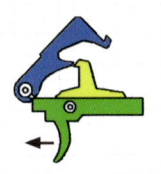

引き金をいったん戻さないと、フックと爪が噛み合ったまま次弾を発砲できない。

フル・オートマチックのサイクル

フル・オートマチック射撃には、オート・シアを組み込む。セレクター・レバーを"AUTO"位置にまわすと、ディスコネクターが矢印方向に若干かたむく。撃鉄のフックとディスコネクターの爪が噛み合わない程度にはなれる。

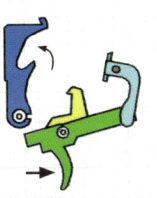

引き金を引くと、撃鉄が解放される。ディスコネクターはセレクター・レバーによって押さえつけられていて、動かない。

弾丸が発射され、ガス・オペレーションによってボルト・キャリアーが後退してきて、撃鉄を起こす。撃鉄のフックとディスコネクターの爪は噛み合わないが、オート・シアの爪が撃鉄上端の小さなフックにつかの間引っかかる。しかし、戻ってきたボルト・キャリアーがオート・シア上端の爪を蹴飛ばし(赤い矢印)て、撃鉄を解放し、前傾させる。次弾発射へとつづく。

3点バースト・モード

セイフティ・オン

セレクター・レバーをセイフティ・オンにした状態。写真では見づらいが、引き金は固定されていて引けないようになっている。

セミ

セレクター・レバーをSEMIの位置にする。セレクター・レバーの軸は一部が切り欠かれた円柱になっており、その切り欠きの位置によって引き金が動くようになる。

フル

セレクター・レバーをAUTOの位置にする。左のセミオート時と比べるとオート・シアが少し傾いているのがわかる。これによって撃鉄後端のフックにオート・シアがに引っかかる。

びに3発だけ連射される)に変え、銃身内を7インチ進むと弾丸が1回転するようにライフリングをきつくし、銃身を肉厚にし、弾薬はNATO命名のSS109弾(アメリカ軍名M855)を用いた。また、猛スピードで排出される空薬莢が射手に当たらないよう、ケース・デフレクターという部品も取り付けた。

A3はフル・オートマチック・モードを復活させ、アクセサリーを充実させたモデル、A4はふたたび3点バースト・モードに戻して従来のA2と交換したものだった。

発射モードの変更は、形状の異なるディスコネクターを取り付けることで実現し、太い溝を軸に複雑に彫ってあるセレクターでモードを選択できるようになっている。

M16ライフルは、取り回しのよいM4カービンへ移行しつつあるが、基本的なセレクターのメカニズムは変わらず、イラストに描かれているようなしくみだ。

GUN STRUCTURES

目からウロコ度 ★★★

#11 AUGのデザイン
短い全長、長い銃身のブルパップ

M4カービン

AUG A3

全長は短いが銃身は長い
M4カービン（上）に比べると大幅に全長が短いAUG（下）だが、銃身の長さを比べるとAUGの方が長い。

扱いやすさと命中精度を両立させたブルパップ・ライフルの合理的かつ先進的なデザイン！

なくなりつつあるアドバンテージ

ブルパップ・ライフルとは、引き金を弾倉の前方に配置し、機関部を後方の銃床のなかにまるごと収納したモデルだ。"ブルドッグの子犬"という名称がどうしてついたのか、いまのところはっきりしたことはわかっていない。

大きな特徴は、従来と変わらない長さの銃身を使っても、銃全体はまるでカービンのように短くできる、ということだ。たとえば、M16A3アサルト・ライフルの銃身長は533mmで、全長990mmであるのに対し、ブルパップ・スタイルのオーストリアのAUGアサルト・ライフルは銃身長545mm、全長797mmだ。

AUGは銃身長が12mmも長いのに、全長は193mmも短い。M4カービンは銃身長368mm、全長757mm。いっぽう、AUGA3カービンは銃身長460mm、全長715mm。

当然、携帯する銃は短いほうが

70

第2章　安全と使いやすさの追求

AUGアサルト・ライフルの構造

（図：AUGアサルト・ライフル各部名称）
- スコープ
- コッキング・ハンドル
- 銃身
- ここまでが銃身
- 撃針
- 撃鉄
- 銃床（機関部収納）
- ガス・プラグ（レギュレーター）
- 引き金
- バレル・グリップ
- グリップ
- マガジン・キャッチ
- 半透明の弾倉
- ディスコネクター

機関部を上から見る
- オペレーティング・ロッド（ガス圧を受けてボルトを後退させる）
- ボルト・キャリアー
- 銃身
- コッキング・ハンドル・ガイド・ロッド（コッキング・ハンドルにより後退させられる）
- カム・ピン

ココがポイント！
人が使う以上、合理的なものが必ずしもよいと言うわけではない

銃身だけ取り出して並べてみたところ。M4カービンの銃身（上）より、AUGの銃身（下）の方がわずかに長いのが分かる。

AUGを簡単に分解してみたところ。普通の銃では、中心に近い位置で往復運動するボルトが、ブルパップの銃では銃床内部、射撃時には顔のすぐ横の位置にくる。

取り回しがよく便利だが、銃身は短いより長いほうが弾速があがるうえ、命中精度がよくなる。短い全長、長い銃身、という矛盾を解決に近づけたのが、ブルパップ・スタイルなのだ。だから、21世紀にかけてライフルはブルパップが主流になるだろうと見られていたが、なかなかそうなっていかないのも現状だ。

スタイルの好き嫌いもあるだろうが、ドイツのG36やベルギーのSCARライフルのような銃床を折りたためるライフルが登場したため、全長や取り回しについてはかならずしも有利でなくなった。往復運動しないコッキング・ハンドルが左サイドについている扱いやすい有利さも、やはりG36のユニークなコッキング・ハンドルや、左右どちらにも入れ替え可能なSCARのコッキング・ハンドルの登場で帳消しになっている。大きな欠点は、銃床肩付けでの弾倉入れ替えに苦労することだ。

GUN STRUCTURES

目からウロコ度 ★★☆

#12 上下二連式ショットガンの脱莢
引き金を**引いた場合のみ**排出する

ベレッタの上下二連ショットガンの排莢
ベレッタというと軍用拳銃というイメージがあるが、実は高級な競技用ショットガンも作り続けている歴史と伝統のメーカーでもある。
（写真協力：金子銃砲火薬店）

引き金を引いた場合のみ、薬室にある装弾を勢いよく自動で排出する驚きの機構！

不発弾でも排出される

銃身が上下に2本ならんだショットガンは、20世紀に入るころイギリスのボス社や、ベルギーへ出向いていたジョン・ブラウニングが開発した。2本の銃身用に引き金もふたつついたそれまでの水平二連式より照準がしやすく、堅牢につくられて耐久性にすぐれていたが、高価であったためすぐに世界中に普及するまではいかなかった。

銃身のまうしろに位置するトップ・レバーを反時計回りに少し回転することにより、フックがはずれて機関部から銃身を逆V字型に折れる中折れ式だが、銃を折る角度は、水平二連式より少し深くなる。上下の銃身後尾の薬室に装弾を込め、銃身を戻して引き金を引くと、最初は下の銃身から散弾が発射される（初矢）。もう一度引き金を引くと、今度は上の銃身から散弾が発射される（後矢、二の

72

上下二連式ショットガンの脱包のしくみ

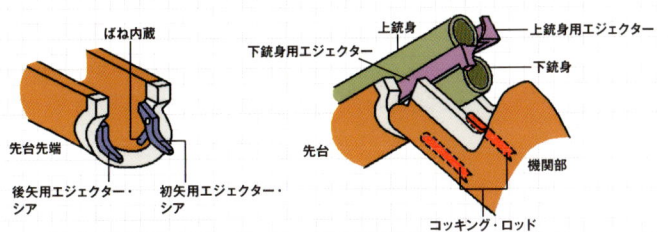

ばね内蔵　　上銃身　上銃身用エジェクター
下銃身用エジェクター　　下銃身
先台先端　先台　機関部
後矢用エジェクター・シア　初矢用エジェクター・シア　コッキング・ロッド

上銃身と下銃身に装弾を込めて機関部を閉じる。機関部の銃身を覆う部分のイラストは省略。

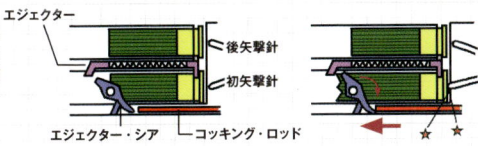

エジェクター
後矢撃針
初矢撃針
エジェクター・シア　コッキング・ロッド

引き金を引いて初矢を発射。コッキング・ロッドが前進。エジェクター・シアが傾く。

後矢を撃たずに機関部を開くと、銃右側部ではコッキング・ロッドが前進せず、エジェクター・シアも傾かない。

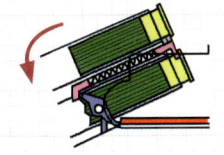

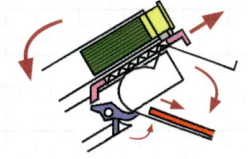

左図のように、エジェクター後端のフックに引っかかっていた初矢用のエジェクター・シアは、銃身をさらに折るとエジェクターを解放する。ばねの力で空薬莢が勢いよく排出される。発砲しなかった後矢はエジェクター・シアとエジェクターが噛み合わなかったので、ばねの力が働かず、そのまま銃身にのこる。

ココがポイント！
引き金を引くと作動するコッキング・ロッドの動きが決め手

2008年に開催された北京オリンピックのクレー射撃（スキート）で、上下二連ショットガンを撃つビンセント・ハンコック選手。彼はスキートで金メダルを獲得した。クレー射撃の選手のほとんどが上下二連式ショットガンを愛用する。

矢）。2発の装弾を撃ち終わったら、機関部から銃身をふたたび折れば、空の装弾が勢いよく自動的に排出される。

だが、初矢だけ撃って、かりに後矢を撃たなかったとすると、銃を折ったとき飛び出てくるのは、空になった初矢の装弾だけだ。未発火の後矢の装弾は銃身内にのこったままとなる。ただし、引き金を引いたのに後矢が不発だったとすると、空の装弾と不発弾はいっしょに飛び出てくる。自動的な脱包は、引き金を引いたかどうかできまる。

エジェクター、エジェクター・シア、コッキング・ロッドという3つのパーツの働きでこんな手品のようなことができるのだが、これをはじめて考案したのは、イギリスのジョン・ディーリーで、19世紀末のことだった。水平二連式や古い上下二連式にはエジェクターを内蔵していないタイプもあり、その場合は装弾の底をつまんで手で引き抜くしかない。

第3章

弾薬の意外なしくみ

BOXER

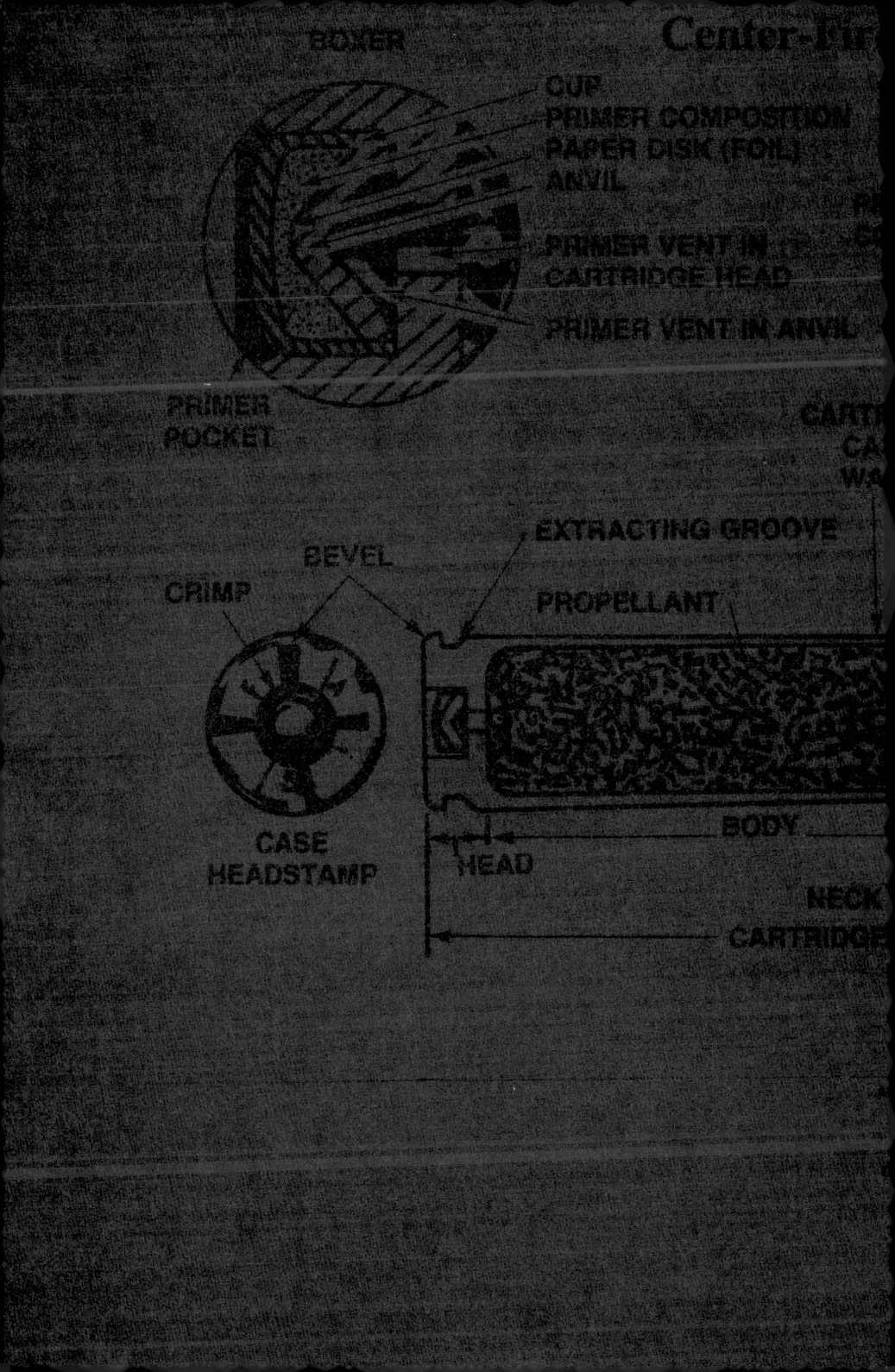

Center-Fir

- CUP
- PRIMER COMPOSITION
- PAPER DISK (FOIL)
- ANVIL
- PRIMER VENT IN CARTRIDGE HEAD
- PRIMER VENT IN ANVIL

PRIMER POCKET

CART
CA
W.

BEVEL — EXTRACTING GROOVE
CRIMP
PROPELLANT

CASE HEADSTAMP
HEAD
BODY
NECK
CARTRIDG

見た目からはわからない弾丸と弾薬の驚きの秘密

弾薬と弾丸はよく混同される。「銃にタマを込める」とはどういうことか? では、「標的にタマが当たった」とは? 前者は"弾薬"、後者は"弾丸"のことを言っている。簡潔に言えば、弾薬とは、弾丸+発射薬+雷管(点火装置)を薬莢で一体化したものだ。

「大口径だから威力が高い」ともよく言われる。しかし、条件付きではあるが、たとえば45口径が22口径より威力があるとはかぎらない。22口径(5・56㎜)弾がもしライフル弾なら、45口径(11・43㎜)の拳銃弾よりはるかに殺傷力はまさっている。"大口径"がたんに弾丸の"大きさ(嵩)"を意味していても、45口径弾は22口径弾より約4倍の体積があるのに、殺傷力では22口径ライフル弾に劣ることもあるのだ。発射薬の量と質のちがいからくる弾丸の速さが段ちがいだからだ。

同じライフル弾同士でも、5・56㎜弾（22口径）が7・62㎜弾（30口径）よりかえって殺傷力にすぐれる場合もある。たとえば、AK-74ライフル用の5・45㎜弾は、鉛と軟鋼を被甲したAK-47用7・62㎜とちがって、弾丸先端に空洞をもうけてあるため被弾すると体内で横転しやすく、全身に毒がまわったような効果をもたらすので、「ポイズン・ブレット」と呼ばれたりする。

M16ライフル用の5・56㎜弾には、M193弾とM855（SS109）弾があり、外観はまったく変わらないものの、後者は被甲下の弾芯が少し異なって重くなっているうえ、発射薬がちがうので、撃てる銃を選ぶし、殺傷効果にも差がある。

この章では、弾薬も弾丸も見た目だけはわからないことに関して取りあげている。

GUN STRUCTURES

01 弾薬の数字
#弾丸や薬莢、ミリやインチが混在

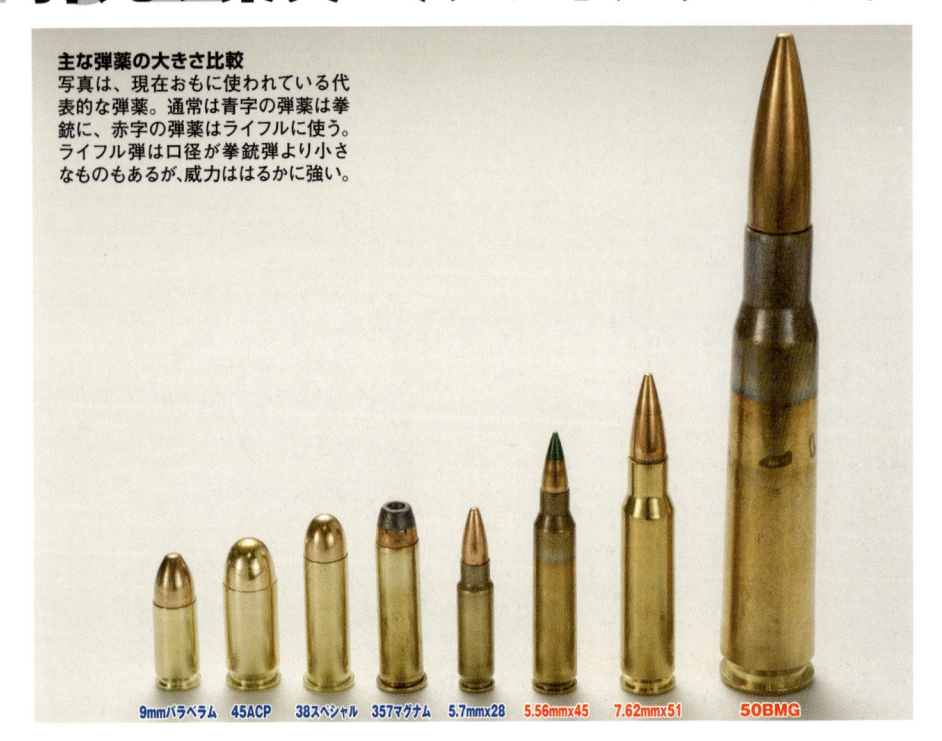

目からウロコ度 ★★☆

主な弾薬の大きさ比較
写真は、現在おもに使われている代表的な弾薬。通常は青字の弾薬は拳銃に、赤字の弾薬はライフルに使う。ライフル弾は口径が拳銃弾より小さなものもあるが、威力ははるかに強い。

9mmパラベラム　45ACP　38スペシャル　357マグナム　5.7mmx28　5.56mmx45　7.62mmx51　50BMG

銃の口径や弾薬の名前に使われる数字は、その直径を正確に表わしているわけではない!

インチからミリに換算しても一致しない

口径は、"弾丸"の直径をインチかミリで表す。ところが、表記は大昔からの習慣なので、かならずしも正確な数字でないことがある。たとえば、38口径は弾丸の径が実測0・357インチだ。38という数字は、薬莢の径。9mmショートという弾薬は、アメリカではインチで表して380ACP口径と言うことが多いが、弾丸の径は実測で9mmであるものの、0・380インチは換算すると9・65mmになる。

インチで表した口径が、メートル法表記と合致しているのは、30口径=7.62mmくらいなものだ。インチで表す数字はほとんど実測と合わなかったり、メートル法の換算と食いちがってくる。それで、口径を表すときにはインチといった"単位"を付記しない。英語で口径と言ったり、書いたりしないのだ。たとえば、[0.45 inch caliber]とは言ったり、書いたりしないのだ。

78

第3章 弾薬の意外なしくみ

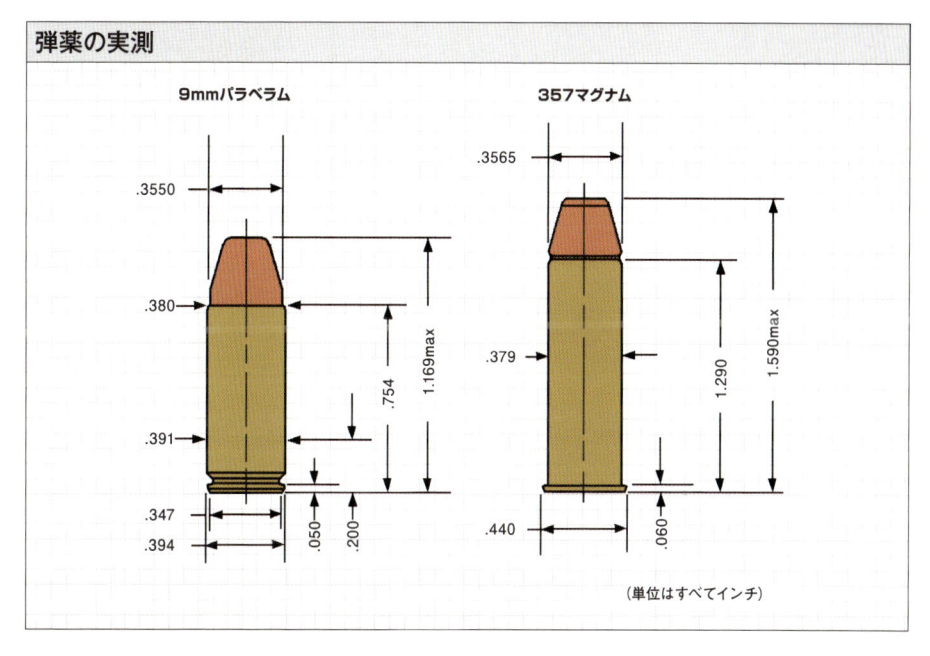

弾薬の実測

9mmパラベラム
- .3550
- .380
- .391
- .347
- .394
- .754
- 1.169max
- .050
- .200

357マグナム
- .3565
- .379
- .440
- 1.290
- 1.590max
- .060

（単位はすべてインチ）

インチとミリメートルの換算表

インチ	ミリメートル	市場での商品名
0.22	5.59	22LR
0.223	5.66	223レミントン
0.3	7.62	30-06スプリングフィールド
0.308	7.82	308ウィンチェスター
0.357	9.07	357マグナム
0.38	9.65	38スペシャル、380ACP
0.4	10.16	40S&W
0.44	11.18	44マグナム
0.45	11.43	45ACP
0.5	12.7	50BMG

ココがポイント！
9mmパラベラムも380ACPも弾薬の直径は同じ

多くは小数点だけ付けて、「.45 caliber」と表す。

いっぽうメートル法で表す場合は、caliberという言葉をつけないことがある。

「The gun in his hand was a 9mm Glock.（彼の手にあったのは、9mm口径のグロックであった）」

かと思えば、「口径が455カスールの巨砲」などと、数字のあとに固有名詞を付けた単語で口径を表したりもする。「44マグナム」とか「9mmルガー（パラベラム）」などがいい例だ。その固有名詞は、ニックネームであったり、人名であったりとさまざまだ。結局、数字だけでは口径および弾薬を特定できないので、拳銃弾もライフル弾も、市場では「数字＋固有名詞」で弾薬の商品名を言い表すようになった。

ただし、軍用弾薬は正確を期して、「5.56mm（弾丸の径）×45（薬莢の長さ：単位ミリ）」などと数字だけで表される。

GUN STRUCTURES

#02 弾薬の互換性
直径が同じでも撃てないことが多い

目からウロコ度 ★☆☆

同じ0.357インチ
357マグナムを撃つリボルバーに38スペシャルを入れた写真。38スペシャルのほうは全長が短いが、発砲に不都合はない。左上の写真は逆に38スペシャルを撃つリボルバーに357マグナムを入れた写真。シリンダーの長さが短いため357マグナムは入りきらないため撃てない。

基本的に銃は決められた弾薬しか撃つことができないが、例外的に撃つことができる組み合わせがある!

薬莢の長さ リムの形状が問題

弾丸の径が同じならば、ある弾薬を使用する銃で同口径の異なる弾薬を撃てる、と思うのはやめたほうがいい。"38スペシャル"というリボルバー用の弾薬は、弾丸の径が実測0.357インチで、"357マグナム"弾と同じだから、357マグナムを撃つリボルバーなら38スペシャル弾も撃てる。だが、その逆はできない。そもそも357マグナム弾のほうが薬莢が長く、38スペシャル弾用の銃のシリンダーに入りきらないからだ。

ならば、"357SIG"という弾薬なら357マグナム弾用リボルバーで撃てるか? 357SIG弾はオートマチック・ピストル用で、リボルバーのシリンダーに入れたら穴の奥まで入ってしまい、撃針がとどかなくなって、やはり撃てない。

では、オートマチック・ピストル用弾薬、"9mmショート"(=

80

第3章 弾薬の意外なしくみ

38スペシャル / **357マグナム**

9mmショート / **9mmパラベラム**

赤字の弾薬を撃つように設計された銃で、青字の弾薬を撃とうと思えば撃てなくはない。しかし、リボルバー以外は、薬室内で弾薬が前後に動いてしまうため、不発になる確率が高い。逆に、青字の弾薬を撃つように設計された銃で、赤字の弾薬は絶対に撃てない。

40S&W / **10mmオートマチック**

ココがポイント！
口径が同じでも薬莢の長さやリムの形状が異なると撃てない

380ACP弾を撃てる銃で"9mmパラベラム"弾を撃てるか？前者の薬莢長は17mm、後者は19mmで、長さがちがうため薬室をきちんと閉鎖できず、まず撃つことはできない。その逆は、薬室に入りはするが薬莢の全長が短いため撃針が十分に打撃できない可能性がある。やはりオートマチック用弾薬である"40S&W"弾（弾丸の実測径10mm）と"10mmオートマチック"弾の場合も、薬莢の長さが異なるため、同じことがいえる。

市場で買える"223レミントン"弾とNATO制式弾の5.56mm×45弾はサイズがまったく同じだから、AR-15ライフルで軍用弾を撃てるか？じつは軍用弾のほうが弾丸が重く、ガス圧に7000psi（ポンド毎平方インチ：応力の単位）も差があるため、M16ライフルで223レミントン弾を撃つことはできるが、AR-15でNATO弾を撃つと破裂事故を起こしかねない危険がある。

81

GUN STRUCTURES

03 薬莢の種類と役割
#5つの理由から材料は真鍮が圧倒的

目からウロコ度 ★★☆

薬莢の多くは真鍮製
真鍮は、鉄やアルミなどに比べると比較的高価な金属だが、薬莢の材料としてはもっとも適した金属だ。左は7.62mm×51弾、右は45ACP弾の薬莢。

弾丸、発射薬、雷管をひとつにまとめる薬莢は、撃発時に膨張と収縮をしていた!

薬莢に適した素材とさまざまなリムの形状

薬莢が発明されたのは、1800年代半ばのことだ。それ以前は、弾丸と黒色火薬を紙で包んだものを使い、点火薬としての雷管はなかった。現代では、ショットガン用弾薬のプラスティックの薬莢以外は、真鍮、鉄、アルミ、銅などの金属でできていて、ポリマーの薬莢も試作されて注目されている。ロシアは伝統的に鉄の薬莢を塗装したものが多いが、世界的に見れば材料は銅と亜鉛の合金である真鍮が断然多い。腐食や摩耗に対する強さ、破断のしづらさ、加工のしやすさ、再利用のしやすさ、熱膨張率などが、その理由だ。

弾薬は、金属薬莢の密閉空間に入った発射薬の燃焼によるガス圧力で弾丸が発射されるが、そのとき薬莢は高熱の燃焼ガスの圧力によって膨張し、薬室に張り付く。膨張しなければ、裂けて破損してしまう。だが、膨

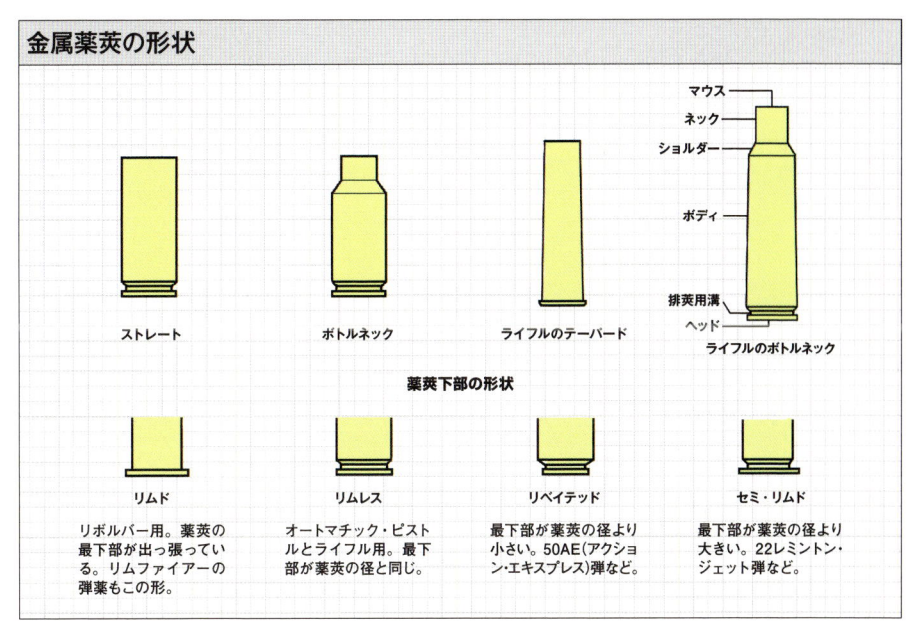

第3章 弾薬の意外なしくみ

金属薬莢の形状

- マウス
- ネック
- ショルダー
- ボディ
- 排莢用溝
- ヘッド

ストレート / **ボトルネック** / **ライフルのテーパード** / **ライフルのボトルネック**

薬莢下部の形状

リムド
リボルバー用。薬莢の最下部が出っ張っている。リムファイアーの弾薬もこの形。

リムレス
オートマチック・ピストルとライフル用。最下部が薬莢の径と同じ。

リベイテッド
最下部が薬莢の径より小さい。50AE（アクション・エキスプレス）弾など。

セミ・リムド
最下部が薬莢の径より大きい。22レミントン・ジェット弾など。

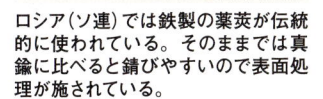

ロシア（ソ連）では鉄製の薬莢が伝統的に使われている。そのままでは真鍮に比べると錆びやすいので表面処理が施されている。

リム部の内側に点火薬が仕込まれているリムファイアー弾は、リム部の強度が弱く、発射ガスの圧力で裂けてしまうことがある。写真は32ロングRFの薬莢。

ココがポイント！
発射ガスによる膨張と収縮が重要

張して薬室に張り付いたままでもこまるから、すばやく収縮もしなければならない。真鍮や鉄やアルミなどの伸縮率は、火器の薬莢に適した数値なのだ。

現代の薬莢にはかならず最下部にリム（縁、円周辺）の工夫があり、その形状によってリムド、リムレス、リベイテッド、セミ・リムドに分類される。リムドは円筒形の底部円周がほんの少し出っぱった形状で、リボルバーやショットガン用弾薬のもの。リムレスは円筒形の径と等しい形状で、オートマチック・ピストルやライフル用弾薬のもの。リベイテッドは円筒形の径より小さい形状、セミ・リムドは円筒形の径より大きい形状。

いずれのリムも、薬室から弾薬や空薬莢を出し入れするときに必要な工夫といってよいが、リムを撃鉄でたたいて発火させるリムファイアーのリムド弾だけは、出っぱった底部円周のなかに発射薬への点火薬が仕込んである。

GUN STRUCTURES

#04 空薬莢の再利用
弾薬は専用の機械で自作できる

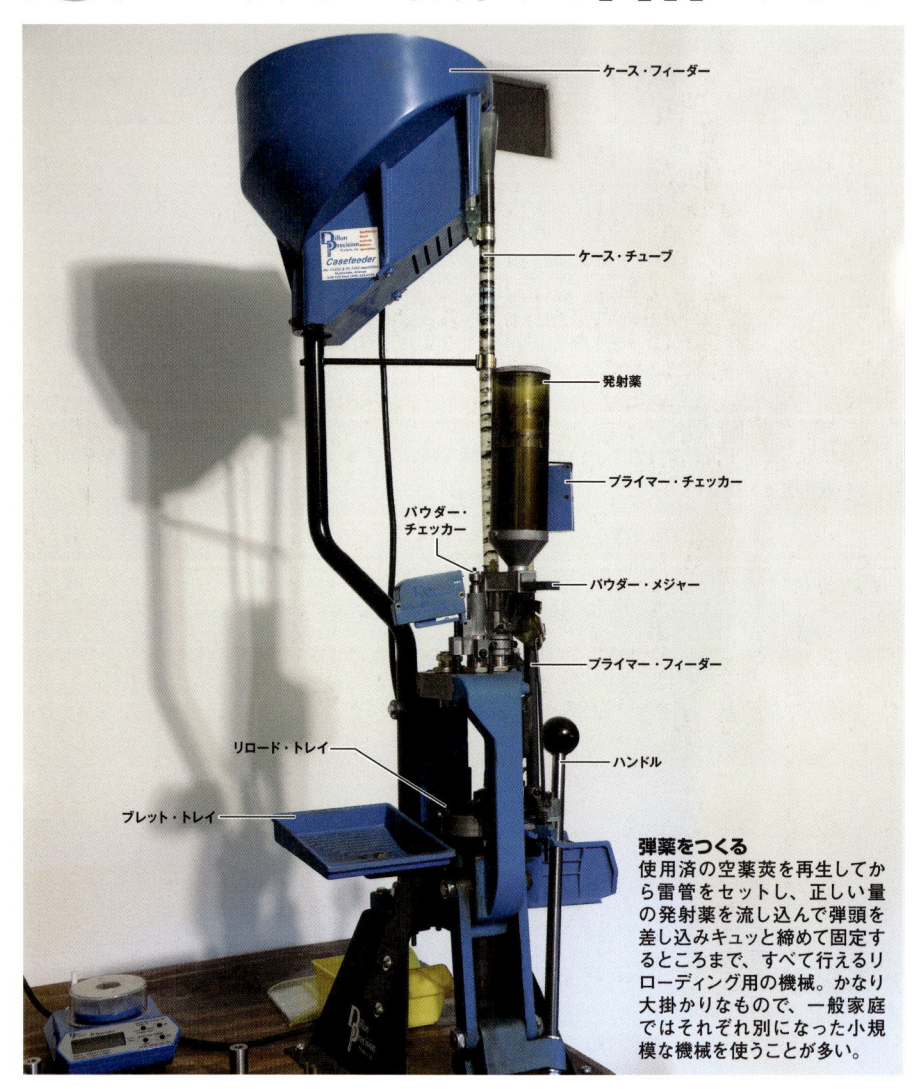

目からウロコ度 ★☆☆

- ケース・フィーダー
- ケース・チューブ
- 発射薬
- プライマー・チェッカー
- パウダー・チェッカー
- パウダー・メジャー
- プライマー・フィーダー
- ハンドル
- リロード・トレイ
- ブレット・トレイ

弾薬をつくる
使用済の空薬莢を再生してから雷管をセットし、正しい量の発射薬を流し込んで弾頭を差し込みキュッと締めて固定するところまで、すべて行えるリローディング用の機械。かなり大掛かりなもので、一般家庭ではそれぞれ別になった小規模な機械を使うことが多い。

**弾丸、発射薬、雷管は使い捨てだが、
薬莢だけは専用の機械を使って再利用することが可能！**

第3章 弾薬の意外なしくみ

①デキャッピング&リサイズ・ダイ（雷管を抜いて膨らんだ薬莢の大きさを元に戻す）
②プライマー・ダイ（新しい雷管を押し込みながら薬莢に弾丸を入れるスペースを作る）
③パウダー・ダイ（規定量の発射薬を薬莢内に落とす）
④シーティング・ダイ（弾丸を薬莢に入れる深さを決める）
⑤クランプ・ダイ（最終的に弾丸と薬莢を固定させる）

プライマーフィーダー（新しい雷管を下から押し込む）

完成した38スペシャル弾

ブレット・トレイ

ハンドルを操作するだけで円形の台が少しずつ回転し、次々に弾薬を製造していく。

雷管（プライマー）　薬莢（ケース）　発射薬（パウダー）　弾丸（ブレット）

弾薬の構造。このうち再利用できるのは薬莢のみで、他はすべて新品のものに交換する。

ココがポイント！
弾代の節約以外に射撃目的に合わせて弾薬を自作する人もいる

再利用できるボクサー型できないバーダン型

"リロード"とは、通常「再装填」のことで、空になった弾倉に弾薬を込めたり、その弾倉を銃にセットしなおすことだ。だが、"リロード"にはもうひとつ意味がある。銃を所持している人のなかには、弾代を浮かせるため、あるいは射撃目的にかなう弾薬を自分でつくるため、空薬莢を再利用する人たちがいる。そんな人たちがつくる弾薬を、「リロード弾」という。用意するものは、市販の発射薬（黒色火薬、無煙火薬）、新しい雷管のほかに、リローディング・プレス機、空薬莢を成形したり使用済み雷管を抜いたり弾丸を装着したりするための各種ダイ、発射薬の量を計るパウダー・メジャーなど。

弾薬には、リロードできるものとできないものがある。弾薬底のふたつの発射薬点火機構部分には、プレス機、空薬莢を成形したり使用済み雷管を抜いたり弾丸を装着したりするための各種ダイ、発射薬の量を計るパウダー・メジャーなど。

弾薬には、リロードできるものとできないものがある。弾薬底のふたつの発射薬点火機構部分には、イギリス人将校が開発したボクサー型雷管、アメリカ人将校が開発したバーダン（ベルダン）型雷管に分けられる。ボクサー型は、火花を出すための金床を収納してある雷管を薬莢底に埋め込んであるが、バーダン型は金床がなく、薬莢底に加工した突起を金床代わりにする。それで、バーダン型雷管の薬莢は一度使用したら、その突起が変形してしまうため、薬莢を再利用、つまりリロードすることができない。

民間射撃が盛んなアメリカでは、リロードが好まれてボクサー型が、射撃がアメリカほど広く民間に浸透していないヨーロッパでは、使い捨てのバーダン型がおもに使われる。

ショットガンのリロードをするときには、べつの専用のプレス機を使う。ショットガンの装弾は薬莢の口に弾丸をはめるのではなく、プラスティックを折り込んでスター・クリンプかロール・クリンプにするので、専用のプレス機が必要なのだ。

#05 H&K社のケースレス弾薬
弾丸を発射薬で固める

GUN STRUCTURES

目からウロコ度 ★★★

幻となったG11
金属製弾薬を使用しない軍用ライフルとして開発が試みられたH&K G11。薬室が高温になり勝手に弾が発射されてしまうクックオフ現象を解決することができず、現時点ではお蔵入りになっている。（写真提供：床井雅美／神保照史）

固めた発射薬が薬莢の役割を果たすため、射撃後は薬莢が消えてなくなる驚異の弾薬！

問題だらけのケースレス弾

弾薬にもし薬莢がなかったら？ 空薬莢排出の必要がなくなって、そのための機構、パーツも必要なく、弾薬自体が軽くなるから携行、装備が楽になる。よいことずくめに思えるので、金属が不足した第二次大戦中からセルロイドを使った薬莢の開発が進められたが実現はせず、1969年になって当時の西ドイツがケースレス弾薬開発に本腰をいれはじめた。開発にあたったのは、ヘッケラー＆コック（H&K）社、マウザー社、ディール社の3社で、H&K社はダイナマイト・ノーベル社と提携して研究を進めた。

ライフル試作機によるトライアルが74年におこなわれ、結局H&K社のG11（セミ／フル／3点バースト・モード）が選定されたものの、肝心のケースレス弾薬、OH4・7mm×21弾

86

第3章　弾薬の意外なしくみ

G11ライフル用ケースレス弾薬

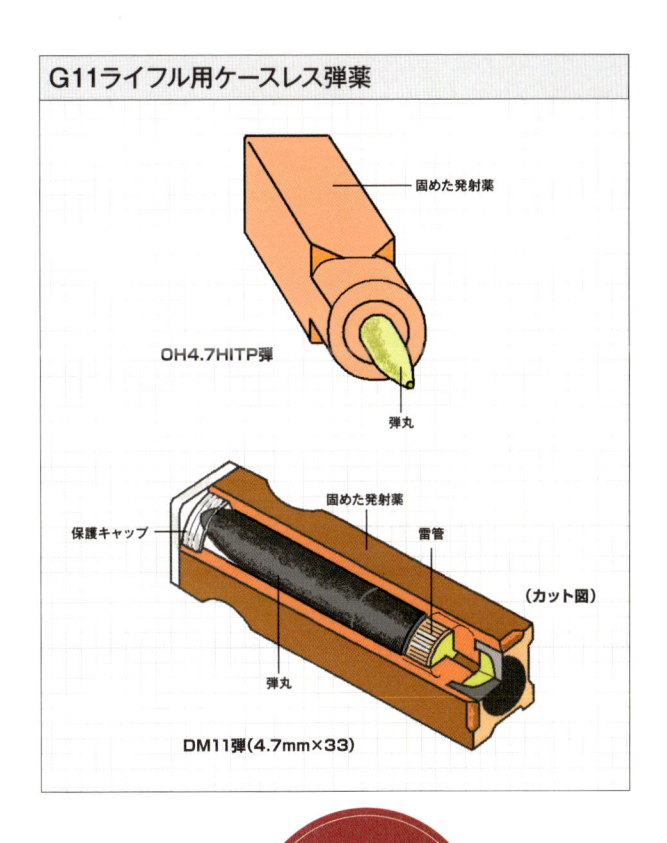

固めた発射薬

OH4.7HITP弾

弾丸

保護キャップ　固めた発射薬　雷管

（カット図）

弾丸

DM11弾（4.7mm×33）

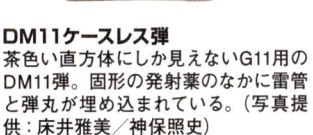

DM11ケースレス弾
茶色い直方体にしか見えないG11用のDM11弾。固形の発射薬のなかに雷管と弾丸が埋め込まれている。（写真提供：床井雅美／神保照史）

ココがポイント！
金属薬莢式弾薬に引導を渡すほどの完成度と実用性はDM11弾になかった

（OHとは、「オーネ・ヒューゼン＝薬莢なし」の意）は銃内部で自然発火、つまりクックオフ現象を何度かおこし、テストは不合格となった。

クックオフは、高温になった薬室が点火まえの弾薬を自然発火させてしまう現象なので、H＆K社とノーベル社はニトロセルロース系の火薬をもっと高い温度で発火するよう改良し、OH4.7HITP弾（HITPとは、「ハイ・イグニッション・テンパラチャー・プロペラント＝高温発火装薬」の意）とし、口径4・7mmの弾丸を頭だけ出し、円筒形と直方体に二分した。着火温度は178度から280度まであがってきて、それでもまだ不具合が出てきて、1989年にはDM11弾という、練り固めた直方体の発射薬で弾丸すべてを覆う発展型（4・7mm×33）がつくられた。しかし、G11ライフルとDM11弾は、その後陽の目を見ていない。

87

GUN STRUCTURES

#06 速燃性と遅燃性の発射薬
銃によって使い分ける燃焼速度

目からウロコ度 ★★★

8mmマウザーの遅燃性発射薬
第二次大戦でドイツ軍が配備したライフルなどに採用されている8mmマウザー弾は、写真のような遅燃性発射薬が使われている。板状にすることで燃焼面積が増え、燃焼速度を遅くしている。

銃の種類や銃身の長さによって、燃え方が速い火薬と燃え方が遅い火薬が使い分けられている!

拳銃には速燃性 ライフルには遅燃性

速燃性発射薬とはファスト・バーニング・パウダー、つまり粒が比較的細かく燃え方が速いおはじき状などの発射薬のことであり、銃身が短い拳銃や、発砲時銃身にすき間ができるショットガン用弾薬に用いられる。遅燃性発射薬とはその反対のスロー・バーニング・パウダー、つまり粒が比較的粗く燃え方が遅い円筒状やマカロニ状などのものであり、銃身の長いライフル用弾薬に用いられる。緩燃性の発射薬も存在する。

拳銃の場合、一般的に言って、リボルバーは速燃性の発射薬を薬莢容積の2分の1から3分の1、オートマチック・ピストルは緩燃性の発射薬を薬莢容積の3分の2から4分の3詰めてある。

小口径高速ライフル用弾薬は、遅燃性の発射薬を薬莢容積

第3章　弾薬の意外なしくみ

遅燃性発射薬
銃身の長いライフル用。火薬の粒ひとつひとつが大きく、また粒と粒の隙間に雷管の火花が均等に回るように細長い形をしている。

M16用の遅燃性発射薬
ボール・パウダーと呼ばれ、M16系ライフルで撃つ弾薬に使われる遅燃性発射薬。発射薬がボール状で、遅燃性と速燃性の中間の燃焼速度を持つ。

速燃性発射薬
拳銃やショットガンに使われる。粒の中心が凹んだ円盤状の形をしているのは、燃焼速度を速めるため。

黒色火薬と弾丸
金属式薬莢が登場するまえの先込め式の銃で使われた弾丸と黒色火薬。写真左の紙に包まれているのは、弾丸と黒色火薬をひとつにまとめたものだが、銃に装填する際は、紙を破って銃口から黒色火薬、弾丸の順に詰めた。

ココがポイント！
粒の大きさ、形状、コーティングで燃焼速度は変わってくる

の90％から100％くらい、それ以外のライフル用弾薬も、異種の遅燃性発射薬を薬莢容積の90％から100％くらい入れてある。

もしも、ライフル用弾薬に速燃性の発射薬を使ったら、薬室直後で腔圧がピークに達してしまい、ライフリングの摩擦抵抗で弾丸が長い銃身内をなかなか進まないため、発射ガスの圧力が急上昇することになる。弾丸が飛び出すまえに、銃身が破裂しかねない。逆に、ショットガンの装弾に遅燃性の発射薬を使ったら、ライフリングの小さく、発射薬は全部燃えきらないうちに散弾といっしょに銃口からまき散らされてしまう。

弾丸が銃口から飛び出す速度をあげ、かつ発砲炎を小さくするという目的で、速燃性と遅燃性の発射薬を混合して用いることを"デュープレックス・ロード"というが、効果はさほど期待できるものではないと考えられている。

89

GUN STRUCTURES

弾丸の被甲

目からウロコ度 ★★★

#07 銃の**作動**にも**被甲**は不可欠

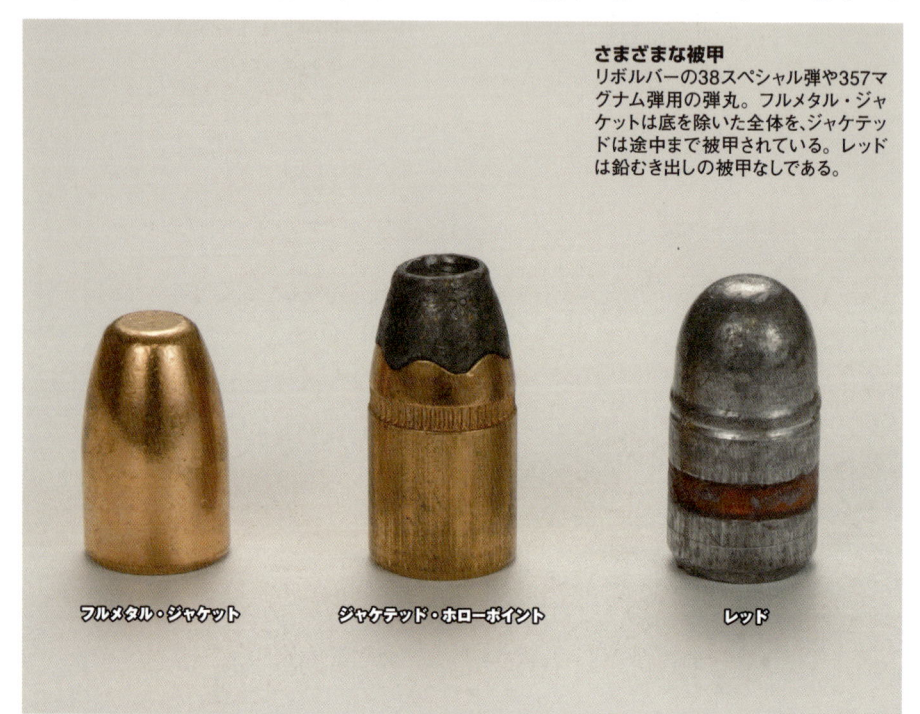

さまざまな被甲
リボルバーの38スペシャル弾や357マグナム弾用の弾丸。フルメタル・ジャケットは底を除いた全体を、ジャケテッドは途中まで被甲されている。レッドは鉛むき出しの被甲なしである。

フルメタル・ジャケット　　ジャケテッド・ホローポイント　　レッド

弾丸の貫通力や弾道の安定だけでなく、弾丸の被甲には銃身内の残滓を減少させる役割もある!

知られざる被甲の被せ方

鉛の弾丸に薄い金属(銅+ニッケルや亜鉛=ギルディング・メタル)をかぶせることを、「被甲する」とか「ジャケットをかぶせる」などという。

弾丸の底を除いて薄い金属で覆ったものは、フルメタル・ジャケット弾と呼ぶ。フルメタル・ジャケット弾は、19世紀後期にスイス軍のルビン少佐という人物がデザインした。

当時、発射薬を黒色火薬からより強力な無煙火薬に変えたところ、鉛の弾丸が銃身内でライフリングにきちんと食い込まず、すべってしまい、しかもいびつに変形してしまうことがわかったのがきっかけだった。

銃、とくにライフルが発射薬の燃焼ガスを利用して弾薬の装填、排莢を自動的におこない、連射できるようになった後も、弾丸を被甲するようになっ

第3章　弾薬の意外なしくみ

フルメタル・ジャケットの底部
弾丸全体を銅で覆ったフルメタル・ジャケット。銅の厚みは1mm前後と、かなり分厚い。「フル」といっても一般的に底部の鉛はむき出しになっている。

ジャケテッド・ホローポイントの底部
先端だけが鉛むき出しになっているジャケテッド・ホローポイント。目標に命中した時に大きく変形する。この弾丸は鉛害対策用に底まで被甲してある。

被甲の厚さ
発射後のジャケテッド・ホローポイント弾。周囲の被甲がバナナの皮をむいたようにめくれ上がって被甲の厚みが確認できる。

ココがポイント！
めっきではなく圧縮成形で被甲されている

たからだ。おかげで、連射に必要な燃焼ガスを一部取り込むガス・ポートという穴（26ページ参照）に、鉛や発射ガスの残渣が詰まったりしなくなった。

弾丸の被甲は、めっきではなく、「スウェージング」という方法でおこなう。口径によって直径をきめられた鉛のワイヤをつくってカットし、弾丸の基をつくったあと、ストローのような空洞の薄い金属のホースをつくって、それをカットする。弾丸の基をジャケットの基にはめ込んで、専用工作機で圧縮、成形すれば、被甲した弾丸ができあがる。

めっきをかけた場合、厚みは通常1ミクロン（1ミクロンは、1000分の1mm）だが、スウェージング製法の場合、ジャケットの厚みは0.3mmから1.5mm。だから、被甲した弾丸は物体に当たったとき、ときとして薄い金属がバナナの皮をむいたような「バナナ・ピール現象」をおこすのだ。

GUN STRUCTURES

#08 弾丸にさまざまな**仕掛け**がある

ハイテク・ブレット

目からウロコ度 ★★☆

45ACPのハイテク・ブレット
上が弾薬で下が発射後の弾丸。すべての弾丸が
バナナ・ピール現象をおこしている。

ジャケッテッド・ホローポイント　　ハイドラショック　　ブラック・タロン

人体に入った弾丸が形を変えたり、粉々に砕けたりする、残酷な対人用特殊拳銃弾のしくみ!

ホローポイント弾の形状の秘密

高性能な弾丸とは、速度がものすごく速いとか、殺傷力がものすごく強いとかいうものではない。殺傷力、貫通力、安全性など、いくつかの要素を併せもつようデザインされた対人用特殊拳銃弾のことだ。

殺傷力とは、弾丸の材料である鉛が大きくひしゃげたり、小さな破片に分解したりすること。貫通力とは、体内(人体)を文字どおり穿通していくこと。安全性とは、無関係な第三者を巻き込む被害を極力避けること。

ほぼすべては弾丸先端をくり抜いて窪みをつくったホローポイント弾で、人体に入り込めば弾丸先頭が拡張する。だが、拡張するだけではかならずしも殺傷力を強めることにならないので、拡張しながら深く穿通するとか、拡張したあと断片化するとか、拡張して猛禽のように

92

第3章 弾丸の意外な仕組み

悪名高きブラック・タロン弾

ウィンチェスター社が販売していたブラック・タロン弾。弾丸には6つのスリットが入っており、体内に入るとそのスリットに沿って弾丸が裂けるように拡張する。弾丸が黒いところから「ブラック・タロン（黒い猛禽の爪）」という名前がついた。

ココがポイント！
弾丸エネルギーが体内に留まるよう変形させたほうが殺傷力が高くなる

鋭い鉤爪状になるとか、窪みのつくり方にさまざまな工夫を凝らした。

相手をほぼ確実に無力化できるので、はじめはおもに公的機関に採用されていた。だが、犯罪者でも手持ちの拳銃に込めれば撃てるので、警官相手に使うようになり、"コップ・キラー（警官殺し）"と呼ばれて民間では販売禁止になったり、名称やデザインを変更するものが多くなった。

"黒い猛禽の爪"という意味のブラック・タロン弾などは、一時"ブラック・フェロン（黒い重罪犯）"と呼ばれて悪評が立ち、のちに"レンジャーSXT"というおとなしい商品名となった。ほかにも、ハイドラショック、ゴールデン・セイバー、スターファイアー、ゴールド・ドット、オメガ・スター、クイック・ショック、ライノ（レイザー）・アモなど、1990年代にはさまざまな商品が市場に出ていた。

[著者] **小林宏明**

1946年、東京生まれ。明治大学文学部英米文学科卒。翻訳家、エッセイスト。アメリカのカウンター・カルチャー、ロック、ミステリー、犯罪ノンフィクションなど、幅広いジャンルで翻訳を手がける。訳書はすでに150冊を超え、主なものにレイモンド・チャンドラー『レイディ・イン・ザ・レイク』(ハヤカワ文庫)、ジェイムズ・エルロイ『LAコンフィデンシャル』(文藝春秋)、リー・チャイルド『アウトロー』(講談社文庫)、『全米ライフル協会(NRA)監修　銃の基礎知識』『AK-47　世界を変えた銃』(小社) など。著書には『小林宏明のGUN講座／ミステリーが語る銃の世界』『小林宏明のGUN講座2 ／ミステリーで学ぶ銃のメカニズム』(エクスナレッジ)、『図説　銃器用語事典』(早川書房)、『意外と知らない　銃の真実』(笠倉出版社)、『歴群[図解]マスター　銃』『銃のギモン100』(小社) がある。

[DVD監督・脚本・編集] **キャプテン中井**

ネバダ州ラスベガス在住。元陸上自衛隊員(レンジャー課程修了)。現在、株式会社デザート・シューティング・ツアー代表。NRA(全米ライフル協会)公認インストラクターで、20年間で延べ1万人以上にアメリカの射撃場で射撃指導をする。銃器の専門誌、『Gun』(休刊)や『Gun Professionals』(ホビージャパン)にて、銃の耐久性や問題点を鋭く指摘した「撃たずに語るな！」を寄稿。著書に『世界の銃　最強ランキング』(小社) がある。

DVDビジュアルブック　こんなにスゴい！　銃のしくみ

2014年9月16日　第1刷発行

著者 .... 小林宏明

DVD監督・脚本・編集 .. キャプテン中井

発行人 .... 脇谷典利
編集人 .... 土屋俊介

編集長 .... 坂田邦雄
編集・DTP .... 株式会社スリーピングホーク
装幀 .... 飯田武伸

発行所 .... 株式会社　学研パブリッシング
　　　　　　　　　〒141-8412　東京都品川区西五反田2-11-8
発売元 .... 株式会社　学研マーケティング
　　　　　　　　　〒141-8415　東京都品川区西五反田2-11-8

印刷所 .... 凸版印刷株式会社
製本所 .... 株式会社　若林製本工場
DVDプレス .... 株式会社ケーエヌコーポレーションジャパン

この本に関する各種お問い合わせ先
【電話の場合】
●編集内容については　Tel 03-6431-1508 (編集部直通)
●DVD操作方法と不具合については　Tel 0120-785-572 (ケーエヌコーポレーションジャパン)
●在庫、不良品(落丁、乱丁)については　Tel 03-6431-1201 (販売部直通)

【文書の場合】
〒141-8418　東京都品川区西五反田2-11-8
学研お客様センター『DVDビジュアルブック　こんなにスゴい！　銃のしくみ』係

この本以外の学研商品に関するお問い合わせは下記まで。
Tel 03-6431-1002 (学研お客様センター)

本書の無断転載、複製、複写(コピー)、翻訳を禁じます。
本書を代行業者等の第三者に依頼してスキャンやデジタル化することは、たとえ個人や家庭内の利用であっても、著作権法上、認められておりません。

複写(コピー)をご希望の場合は、下記までご連絡ください。
日本複製権センター http://www.jrrc.or.jp/
E-mail：jrrc_info@jrrc.or.jp
Tel：03-3401-2382
Ⓡ<日本複製権センター委託出版物>

学研の書籍・雑誌についての新刊情報・詳細情報は、下記をご覧ください。
学研出版サイト　http://hon.gakken.jp/
歴史群像ホームページ　http://rekigun.net/

学研の銃関連書 絶賛発売中!

世界の銃 最強ランキング

オールカラー
プロシューターが撃って決めた!
A5判・128ページ／本体 **552**円+税

キャプテン中井 著　BEST GUNS IN THE WORLD

NRA(全米ライフル協会)公認インストラクターの著者が、命中精度、パワー、コストパフォーマンス、操作性、作動率、耐久性の6項目を評価して最強の銃を選出! 実際に350万発を撃ってきた著者だから書ける"道具としての評価"は、銃ファン必読!

【第1章】ハンドガン／【第2章】アサルト・ライフル／【第3章】サブマシンガン／【第4章】マシンガン／【第5章】スナイパー・ライフル／【第6章】コンバット・ショットガン

ヒーローたちのGUN HYPER 図鑑

オールカラー
白石 光 著　B6判・272ページ／本体 **648**円+税

『ターミネーター』『ザ・パシフィック』から『うぽって!!』『ヨルムンガンド』まで!
映画・マンガ・アニメに登場した名銃の写真とうんちくが満載!!

全123挺 123作品

【Chapter.1】ハンドガン／【Chapter.2】ライフル／【Chapter.3】サブマシンガン／【Chapter.4】マシンガン／【Chapter.5】ショットガンその他

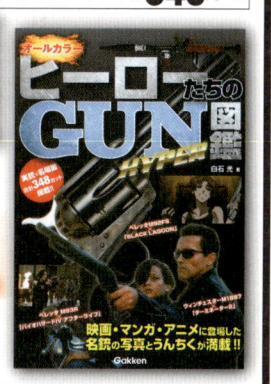

銃のギモン100

[カラー図解]
映画・ドラマのGUNアクションシーンがわかる!
B6判・256ページ／本体 **571**円+税

小林宏明 著　銃の素朴な疑問を見開きワンテーマでわかりやすく図解。写真・イラストと映画・ドラマのシーンが満載!!

大反響5刷!!

【第一章】これだけは知っておきたい編／【第二章】拳銃編／【第三章】ライフル編／【第四章】マシンガン&サブマシンガン編／【第五章】ショットガン編／【第六章】弾薬編／【第七章】うんちく編／映画・ドラマ／【コラム】映画と銃

Gakken

G36アサルト・ライフルの排莢
空薬莢の排出や次弾の装填を自動でおこなうアサルト・ライフル。射撃シーンからはどのようなしくみで作動しているのかわかりづらいが、綿密に計算された内部構造は目からウロコが落ちる発想に満ちている。